我的自然观察笔记

这本书属于

~~~~~~~~~

作者简介

·······································

［韩］李惠英

韩国著名科普作家。大学期间主修气象学，深入研究海洋、风和土地之间隐藏的关系。大学毕业后，她成为韩国绿色联盟主办的月刊《小即是美》的记者，与人合作编著了《山沟里的小小学校》等作品。

［韩］曹光铉

插画家，大学时期主修绘画。他通过"不安的世界"等个人绘画展和集体绘画展不停地探索生命和世界的关系。作品有《野生动物救助队》和《像妈妈一样》等。

海滩，你还好吗？

揭开亿万年来海滩的秘密

[韩]李惠英/著　[韩]曹光铉/绘　邢青青/译

北京联合出版公司
Beijing United Publishing Co.,Ltd.

由一粒粒沙子形成的海滩

　　韩国拥有世界上屈指可数的富饶广阔的海滩，却对海滩没有一个正确的概念。围海造田，是我们正在进行的世界上最大规模的海滩破坏事业。

　　海滩又被称为"生命的子宫"。子宫是母亲身体中孕育孩子的地方，为什么我们会把海滩称作"生命的子宫"呢？如果说地球是孕育人类以及各种动植物的母亲，那么海滩则是地球母亲孕育孩子的地方。

　　海滩大约形成于8000年前。在海滩形成之前，需要地球万物不断地磨合协调。例如，蚯蚓、螃蟹和鸟儿们一直以来在不断地相互磨合。虽然人类从一开始视海滩为赖以生存的宝地，变为现在对海滩的大肆破坏，但目前很多国家都已经意识到海滩的重要性，开始致力于保护和拯救海滩。

　　提到海滩，不免要涉及地质学、生物学、历史学和文学。不过，这些并不太难理解。大人们总是用晦涩难懂的语言将事情复杂化，但这并不意味着孩子们无法理解这些知识。

　　这本书使用了简单明了的语言和有趣的绘画，来帮助大家了解有关海滩的所有事情。在收集资料、取材期间，我得到很多人的鼓励和支持。在文字和绘图出来以后，也受到很多人的建议和指教。在此谢谢各位的大力帮助，更要感谢那些为了保护海滩至今仍在不懈努力着的志愿人士。

李惠英

用笔记定格大自然的美好瞬间

"现代环保运动之母"、美国海洋生物学家蕾切尔·卡逊说过："那些感受大地之美的人，能从中获得生命的力量，直至一生。"

这与"我的自然观察笔记"的精神是那么契合。人们在繁杂的社会里摸爬滚打，或功成名就，或坎坷万千。当你受尽委屈和误会心灰意冷时，大自然会是最好的治疗师。

"我的自然观察笔记"系列展现给我们大自然的奇妙，更启发我们自然的博大。一只知了的叫声能惊醒我们观看生命演绎的精彩；一朵浪花拍打海岸的响声能带给我们自然运动的神奇；一棵久病缠身的老树阐释万千生命相互关联的道理；那些千年古树依旧健康存活至今，这个过程中又发生了哪些鲜为人知的故事呢？我们从自然世界的细枝末节找寻到了能够给予人类微言大义的真理。

从小亲近自然，养成随时把自己看到的和想到的事情记录下来的习惯，我们就可以积攒下越来越多的大自然的美好时刻，这些感想可以激发我们无限的想象力和创造力，了解发现和探索的意义；观察自然可以让我们所有的感官都活跃起来，从虫子到树木，再到自己的内心世界，让心变得更纯净、更明快……

　　"我的自然观察笔记"开启了科普阅读的新领域，一方面拓展孩子们的科学视野，另一方面改善孩子们的学习习惯和阅读习惯，阅读这套书可以用心感悟自然，用笔记录自然，用心阅读自然。

　　阅读，不仅仅是知识的积累，更是领悟精神的过程，读自然是感悟生命的力量，参透生命的意义。

编者谨识

2013年5月27日

目录

海滩上的生物图鉴

1 | 海滩的历史

8000年间的海田、海滩

就像人类出生后要学习走路、学习说话，慢慢长大成人一样，海滩也需要一定的时间才能诞生和成长。大海和月亮，大海和土地，江水和风，微生物和大大小小的动物们，在8000年的时间里，它们是促进海滩形成的主人公。8000年来，不停地将泥沙堆积起来的大海和宇宙安静的运动使海滩得以形成。

1. 海滩是沙子和泥土的日积月累

通往海滩的旅行

黑色的泥土，可以轻易将人的脚陷入其中的茫茫平地，蛤蜊、螃蟹、鸟……

提起"海滩"，大家都会想到这些东西吧？可是仅用这些词语，并不能将海滩的含义完全表达出来。因为世界上不仅有黑色泥土的海滩，还有被金黄色的沙滩所覆盖的海滩；不仅有松软容易陷进去的海滩，还有不需要挽上裤脚，能直接走上去的坚硬的海滩。海滩上不仅有蛤蜊、螃蟹之类的生物，在长和宽只有1厘米的地方，还生活着我们肉眼所看不到的上亿只生物。每天，海滩上都发生着人类所无法察觉的变化。

海滩上到底发生了哪些不为人知的事情呢？海滩是怎样形成的呢？谁在海滩上生活呢？我们为什么应该保护海滩呢？

在有关海滩的过去、现在和未来的旅途中，我们会寻找到问题的答案。

海水侵袭而成的广阔平地——海滩

海洋学家对海滩的定义是——"随着海水不断涌动的沙子和泥土堆积形成的地势平坦的地方"。很多学者也使用日文的"干潟地"这一词来描述海滩。

简单来说，时而是大海，时而是陆地的地方就是海滩。由于海滩每天都要在这两种形态之间转换，所以海滩具有多重的面貌。而且有很多的生命在海滩上筑巢而居。在被金沙覆盖的沙漠上，一根草都难以成活；而在被水泥地所覆盖的城市里，植物也很难存活。土地只有遇到了水才能呼吸。只有这样，树木才能成长，森林才能形成，昆虫、鸟类和其他动物才能出现。

海滩的种类：沙滩、泥滩和混合式海滩

海滩上泥沙颗粒的种类和大小因海水移动的速度而有所不同。在装有水的玻璃杯中放入细腻的泥土、沙子和杂质，然后摇晃杯子，等水不再晃动后会发生什么事情呢？随着水的波动渐渐变小，杂质、沙子和细腻的泥土渐渐沉淀下来，就出现了分层。也就是说，它们按照各自的重量进行了沉淀。

这个简单的原理决定了海滩的种类。根据堆积物的种类，海滩可以分为沙滩、泥滩和泥沙相掺杂的混合式海滩。在海水迅速经过的地方，会带走重量较轻的物质，而重量较重的沙子沉淀下来，形成沙滩。颗粒特别小的泥土，只有在海水的速度很慢的时候才会沉淀下来。所以，在海水流经速度很慢的地方，形成的是泥滩，而在海水流经速度较快的地方，形成的是沙滩。在海水的移动速度不一致的地方，形成的则是泥沙混杂的混合式海滩。

根据地形，海滩可分为处在海湾（海洋三面环陆）里边的内湾海滩和处在海湾外部的外湾海滩，以及处在江河河口处的河口海滩。

混合式海滩

由于泥沙混杂，所以地面既不会太硬，也不会太软，适合螃蟹或贝类挖洞生存。

海滩泥沙颗粒的大小：泥滩由细小的泥土所形成，所以颗粒较小且细腻。沙滩由沙子构成，所以颗粒较大且粗糙。混合式海滩由沙子和泥土混合掺杂形成。

泥滩

海滩是怎么形成的呢？

正如森林具有历史一样，海滩也有历史。海滩一开始并不存在，它是堆积物在海底慢慢积聚形成的。而且沙子和泥土等堆积物不是一朝一夕积聚起来的，而是海水每天冲刷带来的，一年只能积聚3~5毫米的泥沙。由于这个变化十分缓慢，所以看上去海边并没有事情发生。这种肉眼看不见的变化大约在8000年前就开始了。如此漫长的时间对于寿命是100岁左右的人类来说，实在是太漫长了。8000年间，在无数的人类死去和出生，无数的动植物死去和出生的漫长岁月中，海滩渐渐变成了现在的样子。

在这漫长的时间中，如果没有涨潮和退潮，没有将细小的泥沙带来的江河，没有地形特殊的地面，海滩是不会出现的。

沙滩

地面坚硬，脚轻易不会陷进去。由于海水的涨退潮，使得沙滩上出现了漂亮的条纹。

混合式海滩   沙滩

2. 太阳和月亮的"拔河比赛"造就海滩

海水为什么会有涨潮和退潮呢?

众所周知,大海有涨潮和退潮。形成海滩的一个重要原因就有涨潮和退潮。随着涨退潮,堆积物逐渐积聚在海边,如果没有涨潮和退潮,就不会出现海滩。大海就像给予孩子摇篮的母亲一样,通过涨退潮,将海滩拥入怀中。

大海和湖有什么不同吗?湖水即使经历再大的风雨,也不会出现大的变化。而大海在风雨中,会卷起巨大的波涛,如果大海像湖一样平静,就不能将泥沙堆积在海岸边了。

那么,大海为什么不能安静下来,总是涨潮和退潮呢?

流动的大海

地球表面的71%被大海所覆盖。大海是流动的。选用汉字中的流字，我们可以将这样流动的物质称为"流动体"。空气流动形成了风，水流动则形成了水流，波涛就是在海水的流动下形成的。水具有从高处流向低处，从温暖的地方流向寒冷的地方的特性。水之所以从高处流向低处，是因为地球的重力。从温暖的地方流向寒冷的地方，则是水具有趋向温度一致（实现均衡）的性质。

大海中，海底和海水表面的温度是不同的，赤道附近和极地附近海水的温度也是不一致的。所以，海底和海水表面会相互流动，赤道附近和极地附近的海水也会相互移动。但是这种由于温差带来的移动，并不会形成涨潮和退潮。使得大海流动不是别的，正是太阳和月亮。

涨潮和退潮，太阳和月亮的拔河比赛

人之所以没有从圆形的地球中掉落到宇宙里，而是牢牢地处在地面上，是因为牵引物体的重力的存在。同样，太阳和月亮也具有类似的力量。这种力量被称为引力。由于太阳和月亮距离我们很遥远，所以我们无法察觉到引力的存在，而流动的大海则特别受这种引力的影响。虽然太阳的引力比月亮的引力大，但由于月亮距离地球更近，所以实际上月球引力对海水的移动的影响要比太阳引力的影响大一倍。

在这里我们以韩国的西海岸为例。由于自转，地球每天要靠近月亮一次。这时太平洋的海水受到月球引力的牵引，开始向西海岸移动。而地球的另一边，也发生着同样的事情。因为自转产生的离心力（物体旋转而产生脱离旋转中心的力），使得海水涌动起来。

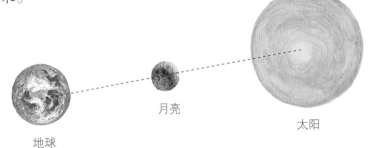

地球　　　月亮　　　太阳

大潮：地球、月亮和太阳形成一条直线时，被称为大潮（朔望雨）。大潮时，涨潮和退潮的差别最大。

所以，即使韩国处在月亮的另一面时，西海岸也会出现涨潮。

通过这个原理，大海一天会出现两次涨潮和退潮。由于这种大海的移动，将海水中的泥沙卷到了岸边堆积起来。那么大海中应该有泥沙这种堆积物吗？大海中的泥沙是从哪儿来的呢？这就是江水、河流的任务了。

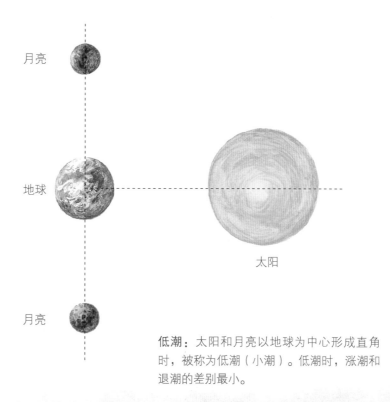

月亮

地球

太阳

月亮

低潮：太阳和月亮以地球为中心形成直角时，被称为低潮（小潮）。低潮时，涨潮和退潮的差别最小。

3. 河水给海滩带来泥土和沙砾

 海滩堆积物的运输者——江河

即使每天都有涨潮和退潮，而海水中没有沙子或泥土，那么海边就不会有东西堆积。因为积聚在海滩的堆积物是由海水中的沙砾和泥土堆积形成的。

虽然同属太平洋，韩国的西海岸与美国的西部海岸却大相径庭。两个海岸的颜色、水温和海水中的物质都各不相同。所以生存在这两个地方的鱼类也不相同。这种差别是由江河造成的。泥沙主要是由江河从陆地带到海中的。

将泥沙带入大海的江河如同海滩的父亲一样。

🕷 水是生命之源

虽然名字不同，但江河与大海一样都是由水组成的。如果没有水，地球上就不可能有这么多的动植物；如果没有水，地球就会像其他行星一样，变得不是特别冷，就是特别热；如果没有水，地球上就不会出现人类。

38亿年前，地球上最早的生命诞生于水中。从那之后的38亿年间，许许多多的生命出现在地球的各个角落，它们的活动领域从海洋扩展到了陆地。我们的身体中含有70%的水，如果没有了水，所有的细胞就失去了活力。同样，人类的生命也是从充满水，即充满羊水的子宫中孕育的。所以说，水是生命之源。

鹦鹉螺

鹦鹉螺

很久以前的海底：数亿年前，海洋中生活着很多现在已经灭绝的生物。三叶虫是古生代（约5.8亿万年~2.5亿万年前）的生物，菊石和箭石是中生代（2.47亿万年~6500万年前）的生物。而舌形贝和鹦鹉螺则是从古生代一直到现在都存在的"活化石"。

河水是地球的血管

地球表面的2/3以上被水所覆盖。如果把地球看作一个生命体，那么水在地球中所占的比例跟水在人体中所占的比例大体相同。我们身体中的水在不停地流动着，地球上的水也是如此。

各式各样的云是天空中的储水器。从"天空中的储水器"中的雨滴掉落到地球表面，形成了湖水、地下水或河水，流入大海中。

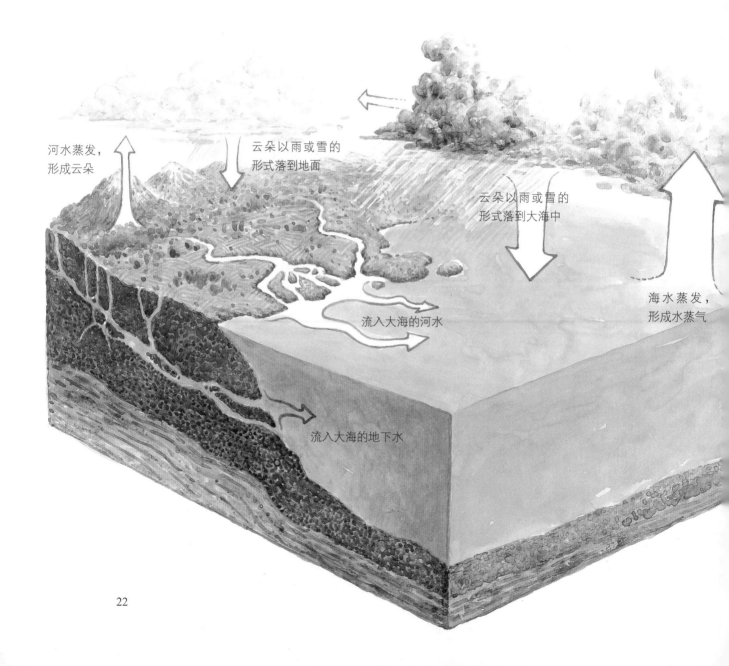

河水蒸发，
形成云朵

云朵以雨或雪的
形式落到地面

云朵以雨或雪的
形式落到大海中

流入大海的河水

海水蒸发，
形成水蒸气

流入大海的地下水

水的循环：从大海中蒸发的水蒸气变成了云。云变成雨或雪，一部分落到了大海中，一部分落到了陆地上。落到地面的雨或雪流到了江河或地下，注入大海中，或者通过蒸发，再次成为云，以雨或雪的形式，流到江河或地下。

大海、湖、水田、公园中的喷水台等每天都会有水被蒸发，变成云。因此，说不定我正在喝的水，在1000年前是南极的冰河水，在100年前是密西西比河（Mississippi）里的水，在10年前是长白山天池里的水呢。

水的循环就像人身体内的血液为了将营养成分带到身体的各个角落所进行的血液循环一样。水如同血液，将营养成分带到世界的各个角落。河水和人类的动脉一样，是地球的血管。从山谷里的小溪汇聚成大河，流经世界的各个地方，冲走了流经的泥土。被河水冲走或雨水中含有的泥土被江河带走，较重的沉淀下来，而较轻的沙砾和泥土被带到了大海中。

河水挟带的泥沙开始在涨潮和退潮的作用下，逐渐沉淀在海边。但并不是所有的海边都能积聚起泥沙。因为海滩有其独特的地理特征。

4. 平缓的土地和复杂的海岸线是 海滩形成的地方

🦀 平坦舒缓的土地

形成海滩最重要的条件是地形。有着广阔海滩面积的地方都有一个共同特征。海滩必须是在平坦舒缓的地方。只有这样，海水在慢慢移动时，才会沉淀下泥沙。当潮水深入更远的地方时，就能形成更加广阔的海滩。如果海岸线弯曲不平，岛屿众多，则更适合海滩的形成。

世界上满足这种条件的地方并不太多。在韩国，满足这种条件的是西海岸。另外，包括丹麦、德国、荷兰等国家的北海岸，加拿大的东部海岸，美国东部的佐治亚州（Georgia）海岸，南美亚马孙河（Amazon）的河口处等地方，都可以见到广阔的海滩。

加拿大东部海岸的海滩 ■ 海滩

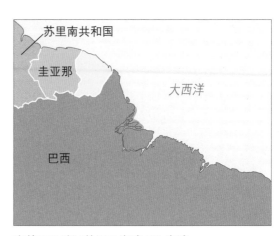

南美亚马孙河的河口海滩 ■ 海滩

24

海滩喜欢复杂的海岸线

广阔海滩的另一个特征就是拥有复杂的海岸线。海岸线越复杂，对海水造成的阻力越大，那么海水的速度就越缓慢。复杂的海岸线如果有往里弯曲的海湾，就更容易形成海滩。因为涨潮时，海水不仅能深入陆地内部，速度也特别缓慢。海水深入海湾的内部，形成的内湾海滩大部分都是泥滩。

当然也有丹麦、德国、荷兰等北欧国家那样的海岸线十分单调的海滩。河口处的海滩在形成过程中并没有受到大海的影响，而是河水退潮时堆积物积聚而成的。

汉江的河口，即江华岛的东部以及亚马孙河的河口海滩就是其中的典型代表。

海滩是大陆架的朋友

海滩被分成泥滩、沙滩和混合式海滩，与海浪的强度有关。海边的地形影响着海水冲刷地面的速度，因此海浪强度的大小，由阻挡水流的障碍物的有无来决定。

在有着广阔海滩的地方，我们可以看到一个最大的共同之处，那就是宽阔的大陆架。大陆架指的是水深200米以内的浅海。大海深度在3~6千米之间，大洋（面积很大的海）最深的地方——海沟（大海中狭长较窄的地方）的深度在11千米以上，比珠穆朗玛峰还多出2千米。与之相比，大陆架是很浅的区域了。

大陆架之所以这么浅，是因为陆地上的土地和海底是相连的。所以同由玄武岩组成的大海深处不同，大陆架是由与陆地相同的花岗岩组成的。大陆架浮游生物众多，所以吸引了鱼类，这里渔业发达，而且大陆架的地下多含有石油和天然气。

　　大陆架地区出现海滩的原因是地面的倾斜度。

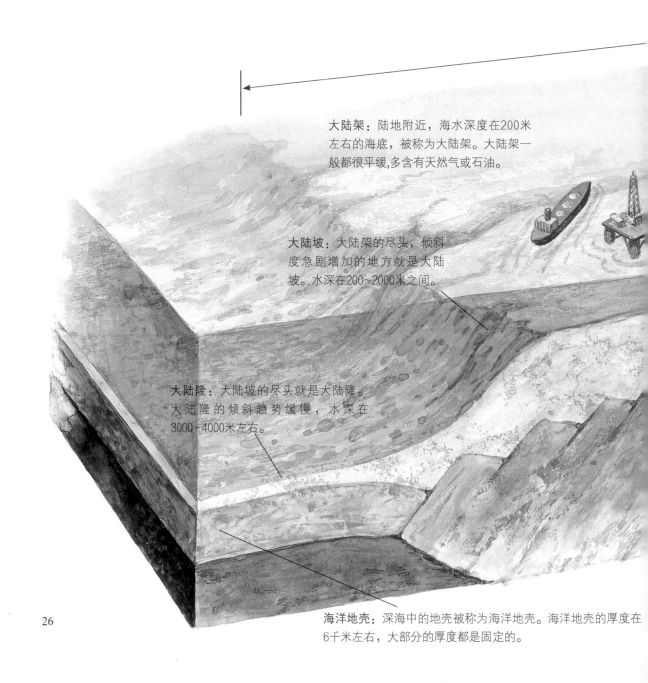

大陆架：陆地附近，海水深度在200米左右的海底，被称为大陆架。大陆架一般都很平缓,多含有天然气或石油。

大陆坡：大陆架的尽头，倾斜度急剧增加的地方就是大陆坡。水深在200~2000米之间。

大陆隆：大陆坡的尽头就是大陆隆。大陆隆的倾斜趋势缓慢，水深在3000~4000米左右。

海洋地壳：深海中的地壳被称为海洋地壳。海洋地壳的厚度在6千米左右，大部分的厚度都是固定的。

像田野一样的海滩虽然越靠近大海，地势越低，但我们用眼睛一般看不出来。

地面的地势越平坦，海水推进的距离就越大。海滩上的土地成为海水的障碍物，使得海水的速度逐渐变缓。

这种地形的海滩一般可宽达10千米。加拿大东部海岸的海滩和中国东部海岸的海滩就是其中的典型代表。

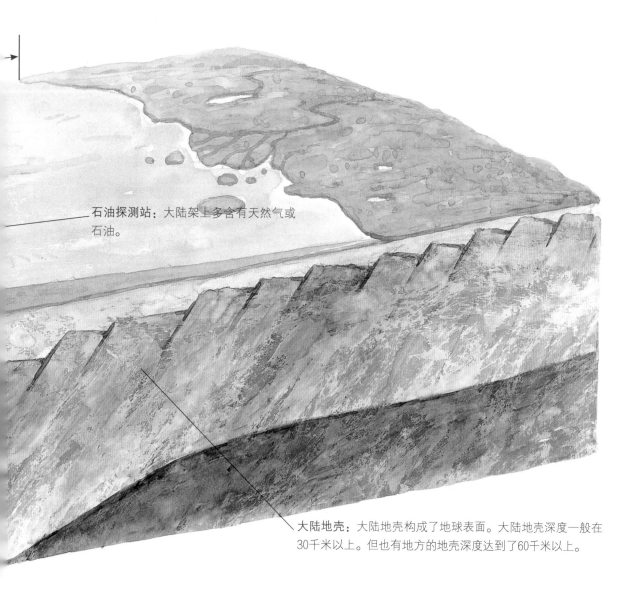

石油探测站：大陆架上多含有天然气或石油。

大陆地壳：大陆地壳构成了地球表面。大陆地壳深度一般在30千米以上。但也有地方的地壳深度达到了60千米以上。

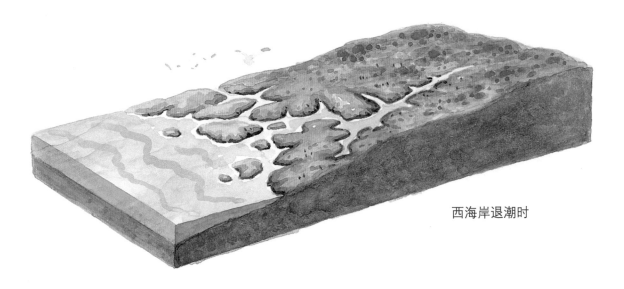

西海岸退潮时

涨潮和退潮时海水的高度

受到太阳和月亮的引力有多大，涨潮时海水涌进陆地的程度就有多深。海水侵蚀陆地面积最大的时候和最小的时候，即涨潮和退潮的时候，所产生的最高水面和最低水面之差，被称为潮差。海滩一般出现在潮差高的地方。世界上所有的海滩都具备潮差高的环境。

西海岸涨潮时
西海岸的潮差很高，
适合海滩的形成。

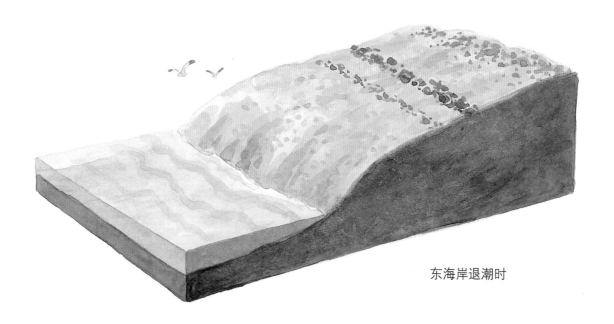

东海岸退潮时

而即使太阳和月亮的引力大小差不多，也就是潮差很小的时候，在三面环陆的海湾中，潮差也会变得很大。如果是一般的地形，潮差会变得很小，而在海湾中，海水很容易进入和退出陆地的深处，导致潮差很大。

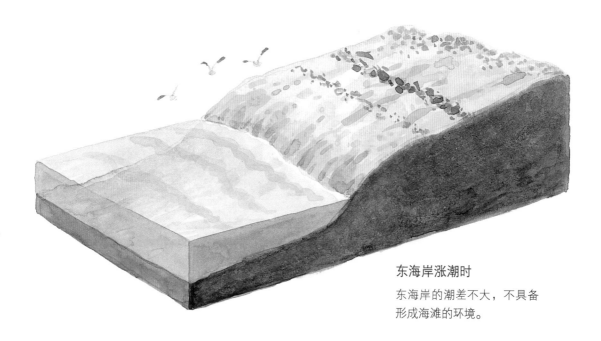

东海岸涨潮时
东海岸的潮差不大，不具备
形成海滩的环境。

1.5万年前的西海岸是陆地

虽然海滩上的沉积物很大程度上受海岸地形的影响，但同样也受到海滩深度的影响。海洋学家通过垂直深挖海滩，根据挖出的沉积物，推断出了海滩的年龄。海滩的垂直断面中出现的沉积物的种类、厚度、颗粒大小等很神奇地告诉了我们，它们是什么时候、在什么样的环境下堆积形成的。

通过韩国西海岸海滩中的沉积物，可以了解西海岸的历史变迁，这真的很有趣。

1.8万年前到1.5万年前间的最后一个冰河期时期，西海岸的大陆架比现在大约要低130米。连接朝鲜半岛和中国的黄海当时大部分都是露出地面的盆地。后来，海平面迅速上涨，大约到8000年前，海平面的上升速度变慢，变成了跟现在差不多的样子。趋向安定的大海开始形成海滩。

1.5万年前，还是陆地的黄海盆地开了哪些花，有过哪些动物呢？也许数万年以后，我们现在的土地也会变成大海吧。地球的巨大变化，可以影响生活在地球上的动植物的命运，就像曾经地球上的霸主恐龙一样在冰河期遭到了灭绝。

2 韩国的海滩

美丽的西海岸和南海岸

当候鸟成群地死亡后，人们才意识到这跟海滩有关。成为鸟类和无数动物栖息地的海滩，特别是西海岸的海滩的重要性日益凸显出来。这么小的国家竟然拥有世界上屈指可数的广阔海滩，真是让人惊叹不已。

1. 绵长的海岸线和巨大潮差的内湾海滩

⭐ 地球赤道1/4长的海岸线

韩国的海岸线比韩国的国土周长还要长。如果把海岸线拉成直线，它的长度大约有11,543千米，是地球周长的1/4。

分布在海边的海滩面积大约是2800平方公里，到了海滩你会发现，海滩的面积大到一眼望不到头。这么广阔的土地将西海岸和南海岸围绕起来。

围海造田出现之前，韩国的海滩面积据说是4000平方公里。短短的100年间，8000年的时间中慢慢形成的海滩就消失了40%。

⭐ 变高9米的大海

月亮和太阳导致了涨潮和退潮的出现，但它们的引力作用并不是出现在地球的各个角落。相邻的两处地方，也经常会出现不同的引力效果。

海水的移动方式、面积和强度受海边土地的倾斜度、海水的深度，以及海湾宽度等因素的影响。

西海是平均深度不到50米的大陆架，狭长的北部被陆地所环绕。在月亮和太阳的引力下，海水很容易漫过土地，向土地深处进发。这也是为什么海水平面最高和最低时的差，即潮差，在西海岸的南部大约是4米，而越往北潮差越大，在仁川附近大约达到了9.3米。潮差超过9.3米的地方世界上只有5个，这是韩国西海岸的与众不同之处。

由于西海岸的陆地倾斜度小，而且潮差大，所以形成了广阔的海滩和盐水湿地（含丰富盐分的湿润的土地）。

⭐ 柔软细腻的泥沙

翻看地图，我们看到韩国和朝鲜是凸出来的一块土地。这种地形被称为"半岛"。因此韩国和朝鲜所在的地方又被称为"朝鲜半岛"。仔细看西海岸形成的海滩，有很多海滩位于三面环陆的地方。这种和半岛地形正好相反，往里凹陷的地形，被称为"海湾"。出现在海湾的海滩叫作"内湾海滩"。

由于海水可以深入海湾陆地深处，同时，海水速度又十分缓慢，所以海滩上的沉积物大部分都是细小的土粒。这也是内湾海滩大部分都是由肉眼难以看到的细小泥土组成的泥滩的原因。

很多内湾海滩在日本侵略时遭到围垦，从而消失。尽管如此，泥滩在韩国的海滩中仍然占有很高的比重。

⭐ 陷入危机的鸟类栖息地

鹬科鸟类每年都在西伯利亚繁殖，在东南亚地区过冬，而韩国的西海岸海滩则是它们的中间休息站。不仅如此，韩国的海滩还是不少世界珍稀鸟类和濒临灭种危机的鸟类的安身之处。

在韩国和朝鲜发现的300对~400对白鹭是世界上仅存的白鹭中的一部分。这里还是其他珍稀鸟类的栖息地，丹顶鹤、黑嘴鸥都栖息在这里。这片海滩也成为有名的自然保护湿地。

此外，韩国的海滩还是白鹳、琵鹭、黄嘴琵鹭、大雁、黑

雁、疣鼻天鹅、蛎鹬等濒临灭绝的鸟类过冬的地方。

　　鸟类的数量每年都在减少。也许几年之后，我们再也不能在海滩上，甚至在世界的任何一个地方看到曾经熟悉的某种鸟类了。鹬科鸟类或者鸻科鸟类已经成为海滩是否有生命居住、环境是否干净的一个标尺，因为鸟类只生活在健康的海滩上。

2. 海滩也有"兄弟姐妹"

　　韩国海滩总面积为2800平方公里，其中80%以上分布在西海岸地区，17%左右分布在南海岸地区。南海岸虽然海岸线十分复杂，但由于潮差低，所以海滩的面积并不是太大。由于海滩的特征受地形变化的影响较大，所以很难按照行政区域对海滩进行划分。那么，我们现在就去西海岸和南海岸分别观察海滩各自的特征是什么样的。

渔民抓沙蚕的场景：江华岛海滩盛产沙蚕。沙蚕的爬行速度很快，而且很警觉，所以抓沙蚕或者观察沙蚕很有难度。抓沙蚕时需要快速将手伸进泥中，一直没过手臂才能将沙蚕抓住。沙蚕又叫"鲻鱼沙蚕"，因为它经常被用作钓鲻鱼的鱼饵。

⁑ 南北河流的交汇处——江华岛海滩

　　流经首尔的汉江和流经朝鲜的临津江、汉摊江、礼成江在江华岛的入海口汇成一支。江河挟带的泥沙沉淀在江华岛，形成了江华岛海滩。海岸边会有大颗粒的杂质和沙子，再往里走就是很容易陷进去的泥滩了。江华岛海滩一带是濒临灭绝的琵鹭的栖息地。另外，江华岛海滩上还有很多泥螺、秀丽织纹螺、青蛤、豆形拳蟹、日本大眼蟹、沙蟹、沙蚕等动物，还生长着芦苇、七面草、碱蓬等植物。

江华岛海滩：江华岛海滩潮差大约为8米。宽度约5千米，面积约为90平方公里。现在由于污染严重，已经很少能看到沙蚕、青蛤等生物的身影了。

✦ 靠近首尔的悲伤的仁川海滩

　　由松岛海滩、永宗岛海滩、灵兴岛海滩和仙才岛海滩组成
的仁川海滩由于靠近首都，因此是最先遭到围海造田的地区。金
浦垃圾掩埋场、仁川国际机场、松岛新都市等全都建立在海滩之
上。仁川海滩由于9.3米的潮差曾经是面积最广阔的海滩。

松岛海滩：除去海水，松岛海滩大概有5~8千米长，总面积约为44平方公里。
直到20世纪80年代末期，捕获的四角蛤蜊有90%出自松岛海滩。但是随着松岛
新都市和仁川国际机场的建立，蛤蜊等贝类的数量急剧减少。

渔网：在海滩上设置渔网，会使涨潮时海水携带
而来的鱼虾等生物在退潮时无法回到大海，被渔
网网住，然后人们用农用车将鱼虾运走。

当然也有保持着原生态的海滩。如泥滩、混合式海滩、沙滩
分界清晰，有多种生物生活的松岛海滩；南部海滩有很多蛤仔分
布，北部海滩被金黄色的沙砾覆盖的灵兴岛海滩；远离汉江河口
处，有着大片沙滩的升凤岛海滩。

松岛海滩

仙才岛海滩的盐湿地

⭐ 分布有各种各样岛屿的大阜岛海滩和济扶岛海滩

　　位于京畿道安山市的大阜岛由于海岸线复杂，岛屿众多，所以形成了很多大大小小的海滩，包围着岛屿。因此大阜岛周围生活着多种多样的生物。特别是在沙砾和泥土混合的海滩——南沙里海滩上生活着凹线蛤蜊、四角蛤蜊、角竹蛏、蛤仔、日本镜蛤等几乎所有的贝类。但由于退潮时海滩上会打开一条通往大海的道路，吸引了很多游客。大阜岛因为旅游开发，环境污染十分严重。

大阜岛海滩：大阜岛上分布有很多四角蛤蜊和蛤仔等贝类生物，所以在这里经常能见到渔民挖贝壳的场景。

济扶岛海滩

京畿道的海滩（截止到1998年）　　海滩　　遭到开垦或围海造田的海滩

★ 向着大海而结的葡萄串儿——加露林湾海滩

在忠清南道的瑞山市和泰安郡中间，有着像一串葡萄一样的加露林海滩。加露林海滩是所有的内湾海滩中面积最大的一个。海湾的入口朝向北方，因此每到涨潮的时候，海水都会缓慢地漫过熊岛等周围的岛屿和海岸，形成广阔的泥滩。古波岛和一部分地区还出现了沙滩。

加露林海滩很久以前就盛产牡蛎和蛤蜊等生物。由于海湾的入口很窄，潮差高达7米，所以有传言称政府有计划在这一地区建立利用潮差发电的发电所。

熊岛海滩： 在熊岛海滩最多的生物是经常用作鱼饵的沙蚕。另外章鱼也很多。章鱼在海滩的深处挖洞而居。所以需要用铲子挖出隐藏在地底的章鱼。

熊岛海滩

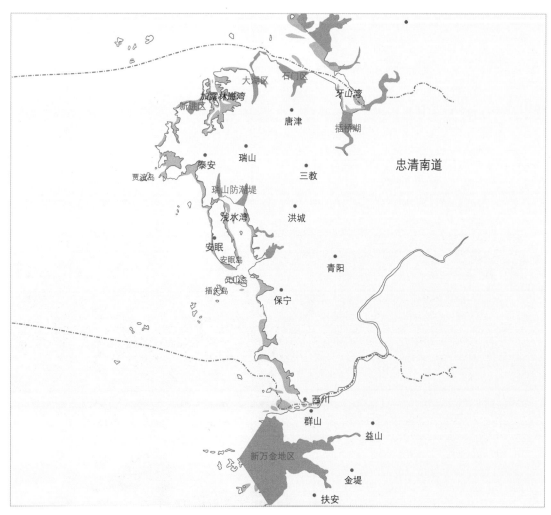

忠清南道的海滩（截止到1998年）　■ 海滩　■ 遭到开垦或围海造田的海滩

★ 冬季候鸟的休憩之处——浅水湾海滩

　　从地图上我们可以看到从保宁到瑞山海岸线一带被安眠岛所环绕，它的里边就是浅水湾。以前海滩的面积一直延伸到瑞山，而现在由于围海造田，以前的海滩变成了农田。

　　虽然浅水湾海滩的面积并不大，但防潮堤外部的海岸线上分布着各种各样的海滩。由于内湾的特性，所以泥滩的数量更多些。

为了阻挡海滩扩大，人们不仅修建了防潮堤，还兴建了看月湖和浮南湖。以这两个人工湖为中心，加上周围的海滩和农田，成为了冬季候鸟休憩的场所。包括74种42万只鸟在此过冬。这是继新万金海堤之后，第二个大型候鸟栖息地。绿头鸭、花脸鸭、豆雁、斑嘴鸭、针尾鸭等每年都会飞到浅水湾。每到日出或日落时分，天空中就会出现黑压压的一片鸭子群，场面十分壮观。

花脸鸭：花脸鸭并不是生活在海滩的鸟类。它主要生活在湿地、江河、水库、水田中。因此开垦浅水湾后获益最大的鸟类就是花脸鸭了。日落时分数十万只花脸鸭飞在空中的场景十分壮观。几乎全世界所有的花脸鸭都在韩国过冬。

⭐ 大海赐予的礼物——新万金海滩

新万金海滩是韩国所有海滩中面积最广、最漂亮富饶的一个。从位于全罗北道群山的金堤到扶安，长达100千米的海岸线上分布着宽度为10千米左右的海滩。据说有的宽度甚至达到了20千米。万顷江和东津江流经这一地区，使得堆积物积聚，促进了海滩的形成。

新万金海滩从沃沟海滩开始，依次包括了万顷海滩、东津海滩、扶安海滩，其中万顷海滩和东津海滩是典型的泥滩。在新万金海滩，我们会发现很多正在爬行的螃蟹，这是因为螃蟹喜欢泥滩。螃蟹在退潮的时候，忙着挖洞寻找食物吃。新万金也是一个蛤蜊捕捞区，特别是扶安海滩附近生活着很多丽文蛤。

扶安海滩的凹线蛤蜊

蛎钩子：专门用来挖丽文蛤的工具。

扶安海滩：扶安海滩是丽文蛤最多的地方。丽文蛤主要用锄、铲或蛎钩子来挖。由于蛎钩子能深入地下5厘米左右，只要是划过的区域，里边的生物一般都无法逃脱。由于新万金开垦事业的发展，现在丽文蛤的产量比以前减少了一半之多。

新万金海滩上每年都有约186种118万只鸟生活，它是韩国最大的候鸟栖息地，因此也广受国外媒体的关注。濒临灭绝的黄嘴白鹭、灰丹顶鹤、鸿雁、疣鼻天鹅、砺鹬、黑面琵鹭等数之不清的鸟类生活在新万金这片富饶的土地上。

但是现在新万金的围海造田并没有停止，现在只剩下堵住最后一条水路了，海滩上所有的生命都面临着被掩埋的危机。如果广阔的海滩上生活的无数生物都被掩埋，那么我们将再也看不到嬉戏的鸟类了。

全罗北道的海滩（截止到1998年）　██ 海滩　██ 遭到开垦或围海造田的海滩

⭐ 美丽的全罗南道海滩

从全罗南道的永光，到务安、咸平、木浦，沿路的海岸线十分曲折，而且岛屿众多，风景十分秀丽。全罗南道虽然具有适合海滩形成的地形，但越往南潮差越小，所以很难见到广阔的海滩，只在曲曲折折的海岸线和岛屿附近四散着各种小海滩。海滩大部分分布在荏子岛、智岛周围，以及咸平海岸线附近，宝城、顺天、高兴等地区也有很多海滩。

由于荣山江河口处堤坝的建设，全罗南道的海滩还没未被大型开发。但如果以后这个地区也兴起开发热潮的话，那么我们将再也不能在韩国看到天然海滩了。虽然海滩面积都很小，但合起来的话，面积要超过1000平方公里。从行政区域来看，我们可以说全罗南道拥有的海滩面积最广。

高兴海滩

宝城海滩：在筏桥、顺天、宝城海滩，经常可以看到乘着泥橇捉泥蚶的场景。南海岸海滩由于泥滩众多，脚很容易陷进去。但如果使用泥橇，将一条腿跪在泥橇上，另一条腿推动泥橇，事情就变得简单多了。而且捉到的泥蚶正好可以放在泥橇上，十分方便。

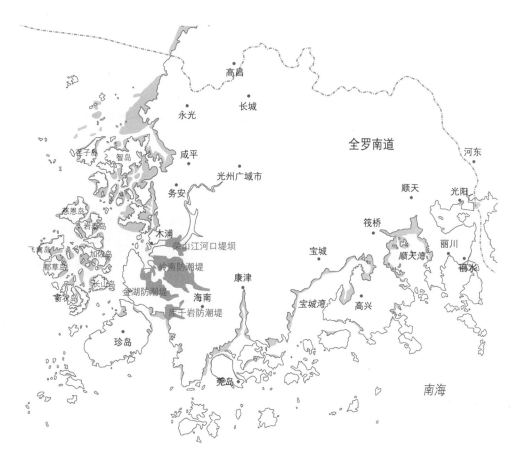

全罗南道的海滩（截止到1998年） 海滩 遭到开垦或围海造田的海滩

泥橇：在泥滩上使用的交通工具

3 海滩的生物

海滩的生物是海滩的主人

如果问海滩的主人是谁，那应该是8000年来一直伴随海滩的生物了。海滩和海滩上的生物几乎融为了一体。海滩的生物适应了在陆地和大海之间不断转换的环境，同海滩一起相互扶持，共同成长。从微生物到沙蚕、蛤蜊、螃蟹、鱼、野生动物和鸟类，它们在海滩这个生态环境中充当着什么角色呢？我们一起来看一看吧。

日本蝼蛄虾

寄居蟹

角竹蛏

玉螺

海燕

藤壶

海松贝

章鱼

紫贻贝

鳃虫

1. 分工明确的海滩生物

🐟 8000年的选择

根据科学家的研究，生活在地球上的生物中大约有120万种33个动物门，其中有32个动物门生活在大海中。15种动物门只在海中生活，如海绵、珊瑚、苔藓等有95%以上的动物生活在海中。

大海是地球生命的起源，也是生命活动最频繁的地方，但人们至今没有完全掌握大海中的生物。大海是一个未知的世界。海滩生物在一片荒芜的海滩上是怎么度过8000年的漫长时间的呢？

也许大家都见过紧贴在海滩石头上的牡蛎和藤壶。

青蛤

海蟑螂

缢蛏

棘刺锚参

多棘海盘车

弧边招潮蟹

斯氏沙蟹

弹涂鱼

　　这些家伙为了不被其他动物吃掉，用厚厚的外壳将自己的身体包裹住。为了不被海水冲走，牢牢地贴在石头上。由于螃蟹和蛤蜊等生物既无法在海滩上面隐藏身形，也没法附着在其他东西上，所以它们为了更好地生存颇费了一番心思，那就是隐藏在海滩下面。不过它们不能一直待在地下，经常需要出来，所以它们开始将自己的身体打造得更结实。

　　海滩生物的生活习惯、长相都是经过数千年的适应和选择后逐渐形成的。地球上的所有生命都是这样。通过进化，它们变成了现在的样子。

　　生活在海滩的生物主要有沙蚕等环节动物，蛤蜊和螺等软体动物，以及虾蟹等节肢动物。以这些海滩生物为生的鸟类也是海滩大家庭的重要成员。每到涨潮时，海滩就会成为鱼类的地盘。

耕耘海滩的农夫——沙蚕

隶属环节动物门多毛纲的沙蚕是生活在海滩的蚯蚓。由于现在的道路几乎全部被水泥和混凝土所覆盖，所以我们很难见到从土壤中钻出来的蚯蚓。在土路很多的以前，尤其是雨后，路上总会出现很多慢慢爬行着的蚯蚓。不过在没有喷洒过农药的土地上，还是能见到蚯蚓的。这种蚯蚓同海滩上的沙蚕具有共同之处，那就是它们都被称为"耕田的能手"。蚯蚓又不是牛，怎么会耕田呢？

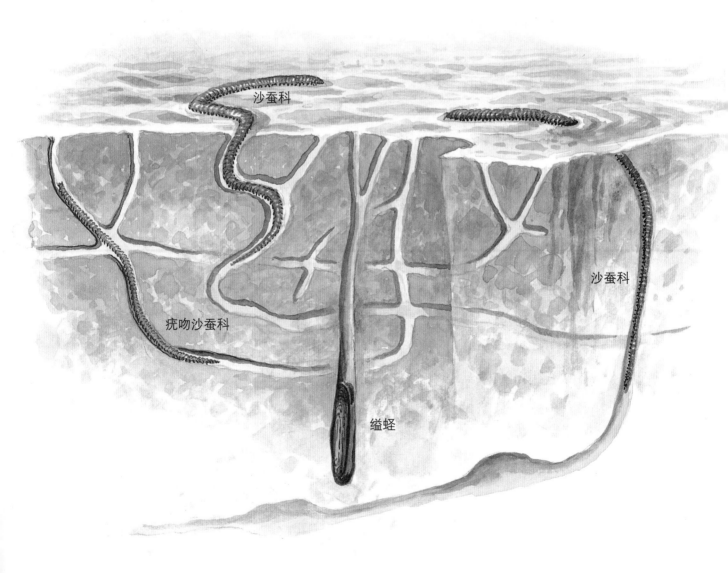

沙蚕科

疣吻沙蚕科

缢蛏

沙蚕科

不管是蚯蚓，还是沙蚕，都依靠土壤中的微生物维持生命，所以它们总是在不停地挖土。春天来临时，农民伯伯会耕耘土地，使僵硬的土地变得松软，只有这样农作物才能呼吸到空气，才能更加茁壮地生长。数不清的沙蚕也像农夫一样，一直挖到海滩的深处，为海滩中的土壤提供新鲜空气。沙蚕为了让众多的生命在海滩中生存，一直做着孜孜不倦的努力。

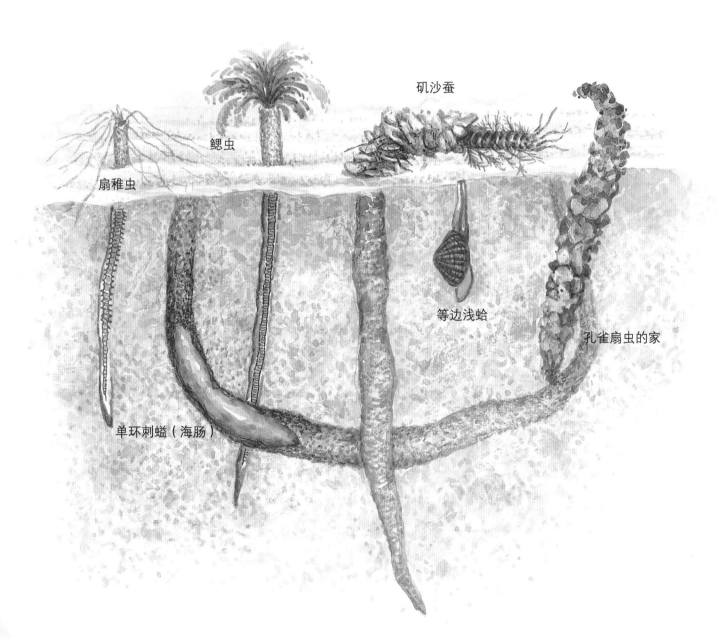

矶沙蚕

鳃虫

扇稚虫

等边浅蛤

孔雀扇虫的家

单环刺螠（海肠）

🐟 海滩上文雅的书生——贝类动物

没有关节，只有柔软身躯的动物被称为软体动物。软体动物包括牡蛎、丽文蛤、中国朽叶蛤、凹线蛤蜊、薄壳绿螂、魁蚶、泥蚶、菲律宾蛤仔、角竹蛏、四角蛤蜊、泥螺、粗瘤黑钟螺、汤玛氏虫昌螺、大玉螺等贝类和螺类动物。还有喜欢待在海底的江珧蛤。文鱼、乌贼和章鱼等头足类动物也属于软体动物。

无法快速移动的贝类动物不会到处跑来跑去地寻找食物，而是钻进泥土里边，以过滤海水中的浮游生物来维持生命。只有在海水中待得时间够长，才能吃到足够的美食，所以贝类动物主要在靠近大海的地方生活。沙子越多，越有利于贝类动物挖洞，因此混有沙砾的海边最适合贝类动物的生长。

但贝类动物的鳃十分柔弱，如果不小心吸入了过多的沙子，就有可能窒息死亡。之所以海滩开发会导致贝类动物的死亡，就是这个原因。

贝类动物的种类不同，在海滩地底生活的地点也不同。这跟呼吸器官的长度有很大关系。依靠吸食海水为生的贝类动物习惯将自己的身体隐藏在泥沙中，而将呼吸器官伸到地表吸食海水。这个呼吸器官的长度越长，贝类动物在地底的家离地面就越深。

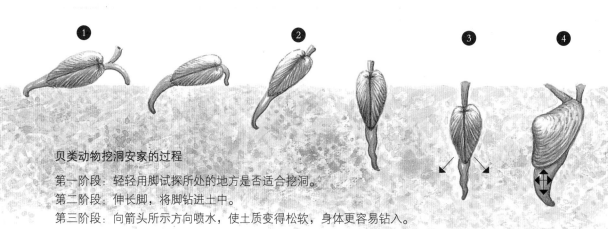

贝类动物挖洞安家的过程

第一阶段：轻轻用脚试探所处的地方是否适合挖洞。

第二阶段：伸长脚，将脚钻进土中。

第三阶段：向箭头所示方向喷水，使土质变得松软，身体更容易钻入。

第四阶段：脚按照箭头所示方向进行移动，整个身体向下移动。

角竹蛏

中国杓叶蛤

泥蚶

凹线蛤蜊

薄壳绿螂

江珧蛤

四角蛤蜊

丽文蛤

大杓鹬：常以嘴（105~190毫米）插入泥中觅食，主要食物为日本大眼蟹。

红颈滨鹬：嘴巴（17~20毫米）十分短小，属于体型较小的鸟类。沙蚕、虾类是它的主要食物。

　　而且很有趣的是，尽管贝类动物为了避免被鸟类捕捉到，躲到了海滩底下，但鸟类为了捕捉食物也进化出了长长的嘴巴。鹬科的鸟类大部分都有长长的嘴巴，它们主要以隐藏在海滩深处的沙蚕为食，而鸻科的鸟类则以靠近海边的贝类动物为食。鸟类和贝类动物的这种决定生死存亡的捉迷藏游戏，一直持续了数千年。

　　所有贝类动物身上的贝壳都具有被称为年轮的成长线。成长

斑尾塍鹬：常用嘴（70~121毫米）捕捉海滩中的沙蚕。

蛎鹬：主要食物为贝类动物和沙蚕。当沙蚕钻出海滩表面时，它会飞速地用嘴（80~110毫米）捕捉到。

青脚鹬：用嘴（50~57毫米）捕捉虾类或小型鱼类为生。

成长线：仔细看的话，我们会发现成长线上有的地方宽，有的地方窄。当成长旺盛时，成长线会变宽，窄的地方意味着贝类动物的成长不太好。通过成长线的个数，可以推测出它的年龄。

维纳斯贝

的旺盛期和萧条期，以及因为污染引起的环境变化，都会被贝壳
记录下来。它把生活中经历的事情记录在自己的身体上，就像人
类身上的疤痕和皱纹一样。

海滩的清洁工——海螺

　　与贝类动物安静地待在一个地方吸收海水不同，海螺会到
处跑来跑去寻找食物。螺类动物主要以贝类动物或死去的动物为
食，泥螺和秀丽织纹螺就是其中的典型代表。一群小巧可爱的秀
丽织纹螺附着在死去的蛤蜊上的样子，让我想起了打扫庭院的清
洁工。虽然也有不舒服的感觉，但如果没有它们的话，海滩上将
到处都是死去的动物的尸体。

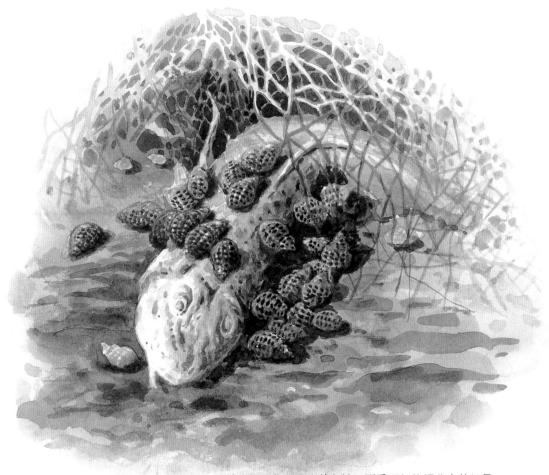

因被渔网网住而死去的鱼被一群秀丽织纹螺分食的场景。

死去的生物并不会立刻消失，而是以一种新的方式获得新生，这就是自然的法则。

在海边捡到的漂亮贝壳上面也许会有小孔。是谁钻了这么漂亮的小孔呢？钻孔的是大玉螺或玉螺。大玉螺和玉螺会用既可以用作舌头，也可以用作牙齿的齿舌在贝壳上钻洞，吸食里边的贝肉。

大玉螺

正在吃蛤蜊的玉螺：大玉螺和玉螺会捕食活的蛤蜊。因此养殖蛤蜊的渔民并不喜欢大玉螺和玉螺。

穿着盔甲的将军——螃蟹

螃蟹属于节肢动物甲壳纲，甲壳纲动物都具有坚硬的外壳。就像战场上的将军一样，穿着厚厚的盔甲。甲壳纲动物越长大，从外壳上分泌的物质就越多，因此每年都要抛掉旧壳。海滩上常见的甲壳纲动物有豆形拳蟹、日本大眼蟹、短身大眼蟹、弧边招潮蟹、秉氏泥蟹、寄居蟹等。

螃蟹前面的双钳和结实宽大的前腿有助于它抓食泥土和挖洞。剩下的较细长的腿是为了使自己的身体不陷进泥沙中，可以自由地行动。坚硬的外壳则是它在外活动时保护自己的工具。

螃蟹的大小、长相和生活习惯多种多样。像钳子一样的前腿不仅是螃蟹寻找食物和挖洞的工具，还是它发出信号的手段，也用作防御别的动物的袭击。如果触摸螃蟹，就会遭到螃蟹前腿的突然攻击。

从卵中孵化出来的螃蟹经过脱壳后，变成幼蟹。但是它还没有坚硬的外壳，只能住在空海螺壳中。我们见到的大部分螃蟹的体型跟三疣梭子蟹的大小差不多，但是有的螃蟹却很小。例如在海滩上爬来爬去的像蚂蚁一样的秉氏泥蟹长度还不到1厘米。即使是这么小的螃蟹，也特别擅长挖洞，它能挖深至10厘米左右的洞。"螃蟹脚"指的是螃蟹一般横着走的这种特殊走法。但并不是所有的螃蟹都横着走。

栗子大小的豆形拳蟹就是前后爬的走法。

弧边招潮蟹

短身大眼蟹

三齿厚蟹

豆形拳蟹

寄居蟹

蝼蛄虾

日本鼓虾

海滩上的游客——鱼和水鸟

除了游走在海滩上的大弹涂鱼等虾虎鱼科鱼类，其他的鱼只有在涨潮时才会出现在海滩上。海滩上由于食物丰富，成为很多鱼类的栖息之地。由于水浅，海滩成为了鱼类的产卵地。涨潮时，随潮水来到海滩的鱼类有弹涂鱼、宽体舌鳎、舌鳎鱼、比目鱼、角木叶鲽、斑点东方鲀、黄花鱼、银鲳、日本鱵、鲻鱼、黑鲪鱼、赫氏鲽和日本鳗鲡等。

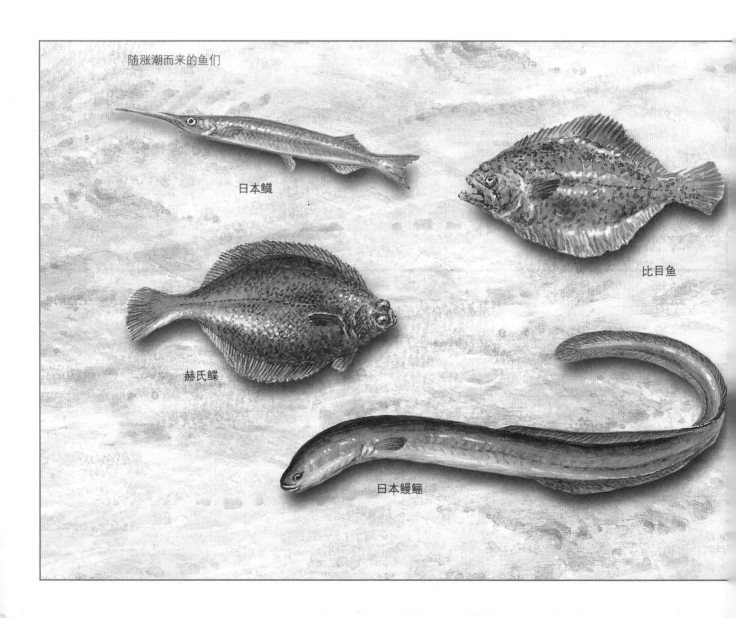

随涨潮而来的鱼们

日本鱵

比目鱼

赫氏鲽

日本鳗鲡

海滩的食物链中，处在最顶端的是人、鱼和水鸟。据说蛎鹬每天要吃300多只薄壳鸟蛤，脚鹬每天要吃4万多只钩虾。所以从水鸟的数量，就可以推测出海滩的资源有多丰富了。

　　每种鸟捕捉食物的方法都不尽相同。鹬科鸟类用嘴在海滩上寻找食物，而鸻科鸟类用眼睛寻找到食物，飞快地跑过去。水鸟的长腿保证了它们能在海滩上迅速奔跑，而尖长的嘴有助于它们捉到海滩中的食物。

斑点东方鲀

鲻鱼

银鲳

黑鲪鱼

角木叶鲽

舌鳎鱼

亚洲

朝鲜半岛

大洋洲

新西兰

← 黑面琵鹭
每年冬季在韩国的席毛岛和非军事区附近栖息繁殖后代，冬天过后飞往济州岛、日本九州、中国香港和台湾地区。

← 大杓鹬
一般栖息在西海岸中间位置的海滩上。大杓鹬3–4月停留在韩国的西海岸，4–6月飞往西伯利亚繁殖后代，7–10月再次回到西海岸，11月开始一直到来年2月飞往澳大利亚和新西兰。

← 蒙古沙鸻
5–7月栖息在蒙古、俄罗斯和中国北部地区，8–10月飞往韩国的西海岸和南海岸。11月到来年2月停留在澳大利亚海岸，3–5月重新飞回韩国的西海岸和南海岸。

黑面琵鹭

蒙古沙鸻

地球上的217种候鸟中大约有54种鹬科和鸻科鸟类在朝鲜半岛驻留。鹬科和鸻科鸟类大部分都在4月末到7月初飞往西伯利亚或中国北部地区繁育后代，9月到10月间停留在韩国，随后飞往泰国、菲律宾等东南亚国家，但也有一部分鸟类停留在韩国度过冬天。在西海岸的海滩经常见到的鸟类有黑腹滨鹬、环颈鸻、灰斑鸻、黑面琵鹭、蒙古沙鸻、黑尾塍鹬、大杓鹬、大滨鹬、反嘴鹬、青脚鹬、半蹼鹬等。

🐟 守护海滩的植物

由于涨潮时受海水上涨变得潮湿的河口地区和盐湿地生长着一些植物。由于盐湿地区水流速度缓慢，所以当地的植物使得这个地方不被海水侵蚀掉。不过根据盐湿地区沉积物的不同，生长在其中的植物也有所不同。在河口和海水较多的海边地区，通常生长着芦苇，而在海滩的边缘处生长着盐角草、海滨碱蓬、海滨藜、七面草等植物，在稍微干燥些的沙土中则生长着碱菀、筛草、海滨车前、肾叶打碗花（俗称喇叭花）和海棠花。

海棠花

七面草

盐角草

所有的植物都有处理和分解废弃物、净化水质的作用。尤其是一望无际的芦苇在净化水质、防止污染方面起到的作用最大。为了减少河流和沿岸的污染，我们应该保护芦苇。而且芦苇丛还是冬季前来过冬的候鸟们的巢穴所在地，芦苇还起到了保护候鸟的作用。

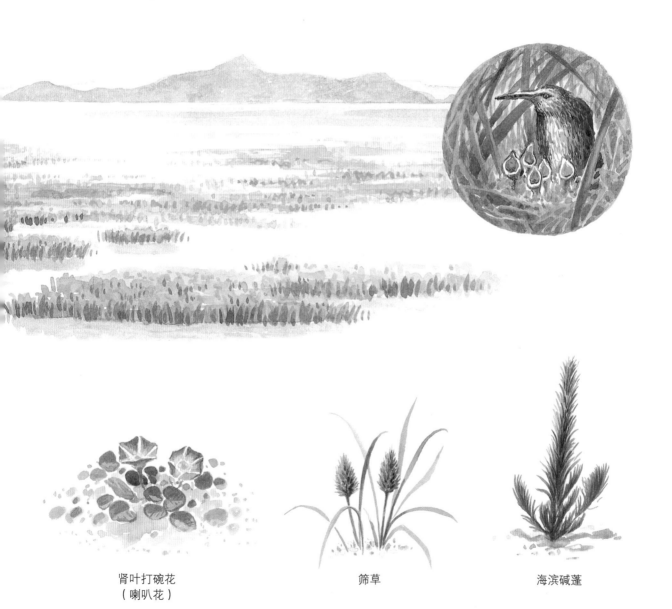

肾叶打碗花
（喇叭花）

筛草

海滨碱蓬

2. "农夫"和"清洁工"帮助海滩净化污染

🐟 污染河水的有机物

河水中含有有机物，而有机物正好是水生动物的食物。我们所吃的食物就是有机物，如米、大麦、蔬菜和肉都是有机物。因此人们扔掉的剩菜剩饭以及化妆室里流出的废水中都含有有机物。这些有机物流到江河海洋中成为水生动物的食物。但这里出现了一个问题，那就是流到江河海洋的有机物实在是太多了。

虽说世界上没有无用之物，但如果超过自然的需求，量太多的话就会变成污染物了。污染空气的二氧化碳不也是植物进行光合作用所需要的物质吗？但由于从汽车、工厂的烟囱中冒出的二氧化碳过多，所以二氧化碳成为了污染空气的罪魁祸首。地球本来就具有自动调节需求问题的功能，但人类打破了地球的这一规则，使得地球开始遭到污染破坏。

🐟 细菌的努力

河水没有能力全部净化那么多的有机物。细菌虽然一直在努力，但还是力不从心。我们肉眼所看不见的细菌一直努力分解有机物，这时氧气是不可或缺的。

不论是人类呼吸，还是细菌分解食物，都离不开氧气。人类身体内部分解有机物的过程被称为"消化"，而细菌分解有机物的过程被称为"腐烂"。虽然闻上去味道不太好，但腐烂确实是净化地球的过程。

但有机物过多时，细菌在分解有机物的过程中会面临氧气不足的困境。所以周围的生命会因为缺少氧气而失去性命。受到污染的河流经常出现鱼类死亡的现象，现在大家知道其中的原因了吧。

遇到盐生植物

尽管细菌这么努力，但大部分河流还是以受污染的状态流向大海。这样会使大海遭受污染吧。不过，在注入大海之前，河流首先遇到了海滩。

经过满是盐生植物的海滩时，有机物被绊住了前进的脚步。这些有机物可以被细菌和植物分解，成为植物的食物。在经过广阔的海滩时，河水仍然是被污染的。细菌就像正在等待河水一样，只要河水一来，马上就开始分解工作。但是说不定海滩上也会发生河水中出现的情况那样，因为氧气不够，导致鱼虾死亡的事情呢……

对了！海滩上不是有沙蚕、螃蟹、蛤蜊和鸟类嘛。它们不停地挖洞，为细菌提供了充足的氧气。特别是沙蚕和螃蟹，它们挖洞的能力可是数一数二的。

螃蟹和沙蚕的活跃

　　生活在海滩上的螃蟹主要依靠泥沙为生。海滩上我们能看到很多小洞，这些大部分都是螃蟹的杰作。为了捕食附着在海滩沙粒上的硅藻类植物，一到退潮，螃蟹就忙着到处吃泥沙。螃蟹每天必做的功课就是修缮被海水破坏的家。

弧边招潮蟹的家

弹涂鱼

为了在水鸟靠近时能尽快逃脱，挖洞对螃蟹来说可不是一件小事。

沙蚕也是如此。慢慢蠕动的沙蚕移动的速度虽然不如螃蟹，大概要比螃蟹慢两倍，但它挖的洞特别深。沙蚕就像挖隧道一样将洞挖穿，到处寻找食物吃。由于沙蚕并不在乎在海滩上的哪个位置生活，所以海滩下面到处都是沙蚕挖的洞，这给细菌带来了充足的氧气，有助于细菌分解有机物。

拯救了大海的海滩

姑且不说随河流流经海滩的有机物，海滩这个生态系统中本身就积聚着很多有机物。净化海滩上出现的有机物是生活在海滩上的生命的责任。蝾螺和玉螺依靠死去的蛤蜊等动物为生。附着在死去的生物上，吸食死去生物的尸体的泥螺和秀丽织纹螺，在海滩上挖洞，为细菌分解有机物提供帮助的螃蟹和沙蚕为维持海滩上的生态秩序做出了重要的贡献。

而且幸运的是，遭受污染的河水在注入大海前被海滩净化了。但海滩并不能持续拥有这种净化能力。

你不会因为海滩具有净化能力，就可以随意排放废水了吧？海滩的能力是有限的。如果人们持续污染河水，排放有毒物质，最终会到达海滩所能承受的极限，导致海滩上的生物大批死去，海滩的净化能力也会在一瞬间消失殆尽。

净化能力的价值

美国东部佐治亚海滩是世界五大海滩之一。建在海滩之上的佐治亚大学的欧德教授计算出了海滩的净化能力。人们忽略了海滩的价值，一直致力于开发海滩，我想这是欧德教授做这项研究的原因吧。将欧德教授的研究应用到韩国的话，新万金海滩每天处理的污水，相当于40个每天能处理10万吨污水的污水处理厂所做的工作。海滩具有无法用金钱衡量的巨大价值。

海滩的净化能力是同海滩上的生物共同努力的结果。无视自然，毁掉自然，最终会遭受巨大的损失。因为正如铁路上的一颗不起眼的螺丝松动能引发重大事故一样，自然界中的事物也是相互关联的。

4 | 海滩与人

海滩赐予的礼物

海滩是人类的老朋友。因为原始时期人类从森林中走出来，最初的定居点是海滩，给予人类丰富食物的是海滩，为人类提供土地的是海滩，净化污染物的也是海滩。但是人类的朋友海滩，因为人类正在生病死去。对海滩来说，人类算不上是好朋友吧。对人类来说，海滩算什么呢？让我们一起去追溯历史，寻找答案吧。

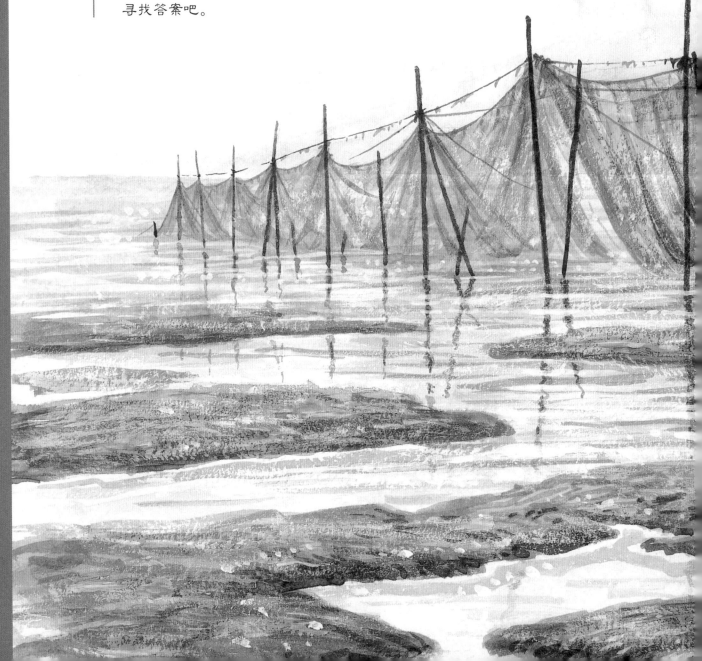

1. 人类从赖以生存到过度开发海滩的曲折故事

 最初定居在海滩的人类

在久远的古代，人类开始狩猎、采集等活动，在某处地方定居开始于新石器时代。距离现在大约有6000年了。人类走出森林，开始在河口或海边生活。

实际上在朝鲜半岛上发现的新石器时代的典型文物——栉目文土器就是在海边和河口处出土的。在贝冢我们可以发现人类生活的痕迹。

海边水产丰富是人类定居海边的一个重要原因，但还有另外一个原因，那就是可以获取食盐。

食盐十分重要，它对人体内部分解食物，排泄、处理废弃物具有重要的作用，即它主导着人体内的新陈代谢。最有害于身体健康的事情便是新陈代谢的异常。新陈代谢可以排出陈旧的细胞，产生新细胞。当新陈代谢出现问题时，人的免疫力便会降低，得病的危险就会增高。

古代的中国有很高的盐税。古代罗马将食盐作为工资发给士兵，从这里足以看出食盐的重要性。

美洲大陆的历史上曾经因为食盐展开过战争，当时的西班牙和英国因为食盐发生战争。印度、印加帝国、阿兹特克帝国、玛雅文明的统治权即意味着对食盐的支配权。在韩国，食盐也曾是王室所掌控的重要物资，国家直接掌控了生产食盐的制盐业。不过从1962年开始，只要有相应的设备并取得许可，任何人都可以制盐。

围绕食盐所展开的历史

围绕海滩和大海的战争是从高丽时代开始的。在高丽末期，由于王室衰微，海贼入侵，朝鲜半岛陷入了水深火热之中。

朝鲜初期，在朝廷的鼓励下，人们重新开始在岛上和海边定居。

由于当时青鱼和黄花鱼的捕捞业十分发达，捕鱼权为当权者所掌控，所以渔民即使辛苦捕鱼，也没有多少收入。朝鲜后期，在列强的压迫下，朝鲜打开了国门，开放港口。日本人来

到了韩国的西海岸，抢夺了渔业权，韩国的捕鱼业为日本人所控制。

日本帝国主义时代，朝鲜半岛上的所有大海和海滩都成为日本列强掠夺的对象。当时，不管是从大青岛捕获的鲸鱼，还是西海岸的海滩生产的海带、牡蛎、青鱼、黄花鱼、鲈鱼、鲅鱼、带鱼、虾、文鱼和各类贝类动物，都必须进献给日本。

海滩和大海丰富的产出成为贫困百姓们维持生活的支柱。而贪图海滩和大海产出的人，使得渔民们不得不过着贫困艰难的生活。

海边的民俗文化

在大自然面前，古代人对所有感到不安的事情都会向神祈祷许愿。依靠大海和海滩为生的人们，最大的愿望是捕鱼的多少和生命的安全。所以关于捕鱼和生命的许愿成为渔民民俗文化的起源。虽然人们总提倡用最尖端的高科技征服自然，但在洪水、海啸和地震面前，人类至今还是那么不堪一击。

人类有多渺小，古代人很早以前就应该知道了。渔民的许愿通过多种祭祀的形式，一代一代地流传下来。同渔业生产有关的智慧，房子的形状和保存肉、鱼贝的方法，捕鱼技巧等一直流传至今。

每到捕鱼季和新年时，渔民都会举行盛大的祭祀仪式。如将大海附近的山视作堂山①，向山神祈祷丰收和安全的堂祭；向大海中的龙海祈愿的龙王祭；建立纪念林庆业将军的祠堂，在此向先祖祭祀等。这种祭祀一般在告祀或做法场上举行，祭祀快要结束时，人们会通过模型船游戏、丰鱼游戏、呼唤牡蛎等活动祈祷丰收。

在忠清南道保宁市长古岛，孩子们经常玩一种"蜡烛游戏"，在阴历的满月，孩子们制作并点上蜡烛，到各家各户敲门讨要年糕，然后带着年糕爬到东山，其中一名孩子大喊着"安平岛的鱼都过来吧！"，其他的孩子围过来，模仿鱼涌过来的样子，最后吃掉年糕，一起玩耍。在以前，海边的人们通过交换鱼类获得大米。也许当时这些孩子在玩蜡烛游戏的时候，希望的是多捕点鱼，好换更多的大米吧。

———————————

①堂山：有守护神的山。

至今生活在海边的人还会举行祭祀仪式，但已经没有以前举村欢庆的盛况了，只是一些上年纪人的活动，勉强没有绝迹。也许现在的风俗习惯会成为三国时代以来流传至今的文化的最后一站。这也意味着人们现在面临着海滩消失，海洋遭到污染，人们再也不能依靠海滩和海洋生存的危机。

2. 海滩赐予鱼和盐帮助人类度过饥荒

 使人们度过饥荒的海滩

过去有这样一句话："海滩是农田收入的10倍。"环境部的研究结果表明，海滩具有比农田多3倍以上的经济价值。英国的科学杂志《自然》（Nature）认为，海滩和河口地区的经济价值是农耕地的100倍。

韩国从古代就是人口密集的地区，能够养活这么多人口，离不开大海这样丰富的资源。韩国三面环海，分布着广阔的海滩。

跟同面积的其他任何地方相比，海滩上的生命都是最多

的，是生命的宝库。而这么广阔的海滩现在已经成为渔业发达的渔场。

冬去春来，金达莱花、桃花和杏花随处可见，但度过这个春天是很艰难的一件事情。因为去年秋天收获的水稻已经凋落，今年的麦子还没有成熟。让人们顺利度过饥荒的就是海滩了。

人们将附着在石头上的东方藤壶和玉米粒大小的白脊藤壶摘下来，然后上锅蒸，会出现白色的汤，再把炒过的米糠放进去。通过这样的方式，能缓解饥饿。退潮后，海滩上会出现浅蛳、沙蚕、大玉螺、丽文蛤等。陆地上饥荒的时候，海滩上一定是丰年。韩国摆脱日本帝国主义统治的那年正好遇上了饥荒，当年挽救了很多人生命的凹线蛤蜊，至今仍保留着"解放蛤蜊"的称号。

召唤鱼群的大海

渔村的女人们用钩子、铁制牡蛎剥壳器、沙蚕采集钩等工具采集蛤蜊、泥螺等，而男人们则在退潮时到海边撒网。他们是为了捕捞随涨潮而来的古眼鱼群和鲻鱼群。春天时，鱼会游到海边或海湾处产卵。秋天时，肥美的鱼会随涨潮聚集到海边。

从全罗北道灵光郡白手面的7个岛屿开始，经过法圣浦前海、蝟岛、金锁湾，一直到古群山群岛的飞雁岛之间的大海，被称为"七山海"。七山海自古以来就是有名的渔场。尤其金锁湾是韩国最大的黄花鱼捕捞渔场。由于远离内陆，所以该地出产的新鲜的黄花鱼难以运输和保管。于是人们把黄花鱼用食盐腌制，通过茁浦、法圣浦运到内陆。正因为这样，法圣浦的黄花鱼鱼干远近闻名。

采集大竹蛏：采集大竹蛏需要使用钩子。使用时，需要将钩子插入大竹蛏的洞穴中，然后把大竹蛏勾出来。

钩子

铁制牡蛎剥壳器

采集牡蛎：采集牢牢地附着在石头上的牡蛎时，要用到铁制牡蛎剥壳器。用镐头一样的尖端部分将牡蛎剥下来，再用手指把牡蛎的肉取出来。

采集沙蚕：人们既用手捕捉沙蚕，也用采集钩捕捉。一般人们用钩子将泥土翻开，寻找沙蚕。

沙蚕采集钩

韩国有句俗语："珍珠三斗，成串才为宝（即"玉不琢，不成器"）。"捕鱼之前，人们一定要备好捕鱼的工具。"鱼栅"指的是放在小溪、河流或大海中，用荆条、苦竹或竹子等制成的翅膀样式的栅栏，栅栏里边一般安装有渔网或者鱼笼、鱼帐等设备以便能网住鱼。

　　鱼栅能使随涨潮而来的鱼群网在里边，不会随退潮回到大海中。鱼栅的发明使渔民可以不费吹灰之力就能捕获鱼群。至今，全罗北道边山的麻浦鰕岛海域，以及大项里和界火岛等地区还在使用鱼栅捕鱼。在以前，鱼栅中主要捕获的是黄花鱼、蓝点马鲛、青鱼等鱼类。近年来，据说鱼栅中主要捕获的是钱鱼、鲻鱼等鱼类。

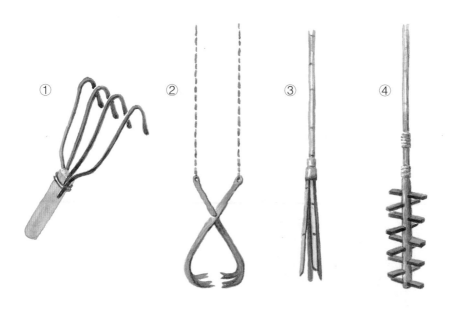

各种渔具
①耙子：耙子是用来捕捉蛤蜊的工具。退潮后，人们用耙子翻动海滩，寻找蛤蜊。
②夹子：夹子主要用来捕捉海胆和海参。人们将夹子放入水中，夹取海胆和海参。
③夹钳：夹钳主要用竹子制成。一般将夹钳放入水中收紧的时候，海螺等就会被紧紧夹住。
④木框夹：木框夹一般用于摘取海带和裙带菜。木框夹可以钩住海带等海藻类植物。

在竹防帘中工作的渔民：竹防帘是鱼栅的一种。由于竹防帘的设置，涨潮时被卷来的鱼群在退潮时无法出去。渔民在竹防帘中用渔网捕获鱼群。现在人们主要用竹子和渔网来做竹防帘，以前人们只用竹子做，所以才被称为竹防帘。

竹防帘的模型

海滩上的盐场

　　在海边定居生活的人们最初通过吃鱼贝类食物获取盐分。当人们渐渐地了解到食盐的重要性后，开始研究制盐的技术。食盐不仅是我们身体内部不可或缺的物质，还广泛应用于储存食物、杀菌。所以人们对食盐的需求量很大。酱油、大酱、辣椒酱等酱类和泡菜、酱菜、鱼酱等腌制食品都需要用到盐。

　　在朝鲜时代，人们通过浓缩海水来获取盐。但是这种方式需要很多工序，无法满足日益增多的人口对盐的需求。所以朝鲜末期，每年要从中国进口大批的食盐。为了解决食盐困难的问题，1907年朝鲜半岛首次从日本引进了千日盐的制盐技术。

　　1907年以后，西海岸到处都出现了盐场。其间随着围海造田的发展，短短的100年间，盐场就消失殆尽了。

制作千日盐的渔民：像水田一样开辟出一片土地，将海水引入盐场，通过风吹日晒使水分蒸发，从而获得盐。千日盐在潮差高，气候干湿分明或者太阳照射强烈的地方比较发达。一般地势平坦的海滩会用作盐场。

韩国昔日最大的千日盐盐场——仁川苏莱盐场现在也只是一片废墟。现在韩国人食用的食盐大部分都是来自国外和通过化学工艺制成的。

　　盐场即生产盐的地方。盐场跟水田相似，而且制盐的过程也跟种田一样，都需要花费不少精力。在抽水机出现前，人们只能脚踩水车，把海水引到盐场。不停地踩水车是一件特别辛苦的事情。经过辛苦的劳动后，蒸发掉水分的海水中出现了盐粒，这个过程被称为"来盐"。和现代人不管什么事情都把功劳归功于自己不同，在盐场工作的工人认为盐不是制作的，而是在太阳和风的帮助下来的。

苏莱盐场的储盐仓库

盐场

3. 生病的海滩和消失的生物

 始华湖的悲剧

1987年，为了用防潮堤阻止京畿道安山市和乌耳岛之间海水的入侵，政府开始在面积达5000万平方米，约为80个汝矣岛大小的始华海滩上兴建人工湖——始华湖。但是1994年防潮堤工程完工后，人们发现在本来为满足农业、工业淡水需求的始华湖里，发生了出乎所有人意料的事情。

由于海滩被堵，地表开始露出白色的食盐。地面上的食盐随风而起，混合着尘土、食盐的强风让人睁不开眼。由于大海，住在海边的人从来没感到冬季有多冷。但随着始华湖面结冰，从冰面吹来的寒风让人第一次感到彻骨的寒冷。

那一年的冬天格外地冷。葡萄树开始大批冻死，勉强活下来的葡萄树在第二年的秋天也没有结出丰满的果实。被称为不老草的灵芝也不复存在，梨树的树枝也开始萎缩干枯。

食盐和灰尘混杂的海滩上到处生长着七面草和狗娃花，跟西方电影中出现的沙漠一模一样。

——节选自《始华湖的人们该怎么办呢？》

不仅如此，工厂、家禽以及周围的居民排放的废水日益增多，使始华湖变成了"死水湖"。始华湖的环境遭到严重破坏，鱼类大批死去，再加上防潮堤的建设，使得地形发生变化，不再适合鱼类生长。

由于围海造田而消失的不止是海滩。当地的居民在政府的宣传下，本来以为将海滩变成土地，建设人工湖，会使当地农田增多，工厂会纷纷前来建厂，成为集经济、旅游为中心的新都市，从此过上富裕的新生活。没想到围海造田不仅没能实现上述梦想，反而给他们带来了巨大的灾难。

政府方面主张将防潮堤打开，重新引入海水，计划投资上亿韩元拯救始华湖。但是由于没有饮用水，无法耕种，无法建厂的那片广阔的土地该怎么办呢？那片海滩，海滩上的鱼鸟和当地的村民又该何去何从呢？

 围海造田的历史

根据历史记载，韩国第一次围海造田是在高丽时代。由于饱受蒙古军的威胁，国王决定迁都江华岛，江华岛附近聚集了众多前来避难的百姓。为了解决农田不足的难题，当时的人们开始围海造田，扩张土地。高丽时代的围海造田范围不是太大。在朝鲜时期，围海造田的范围虽然有所扩大，但大规模的围海造田是从日本帝国主义时期开始的。

当时海滩不多的日本，如果要自己的国家围海造田的话，需要投入比韩国西海岸多达7倍的资金。垂涎韩国丰富资源的日本当然不会放过韩国的海滩。目前，韩国围海造田的面积达到了564平方公里。

这些土地大部分都作为农田使用，出产的粮食全部被运往了日本。韩国的海滩成为日本专属的粮食基地，固然让人十分遗憾。围海造田使得海滩消失，对环境造成的影响，则更让人痛惜万分。

日本帝国主义时期的围海造田在解放后也影响深远。这不仅是因为当时围海造田的技术已经成熟，还因为韩国在解放后并没有废除日本帝国主义时期颁布的相关法律条文。为促进经济发展，韩国从20世纪60年代起开始了围海造田。当时围海造田以各村的形式进行小规模的开垦，目的是提高以种田为生的农民的收入。但从20世纪70年代开始，围海造田的规模逐渐扩大，直到90年代新万金计划的提出，更达到了一个高峰。按照新万金计划，有大约400平方公里的海滩会消失。这在世界上也是很罕见的特大规模的围海造田事业。

 海滩上消失的生命

新万金计划填埋的海滩是始华海滩的两倍。政府方面将群山、金堤、扶安等地区的广阔海滩起名为新万金地区，从1993年开始进行围海造田工程。据说被填埋的海滩面积差不多是首尔市的面积。比始华湖更大的悲剧正在眼前发生，我们却束手无策。

尽管国民一直在呼吁保护新万金地区，但政府毫不理会，现在防潮堤已经建设完毕，只剩下堵住海水就可以完工了。政府虽然宣称这是世界上最大的围海造田工程，但这也是历史上最大的海滩破坏工程。

在60年代围海造田工程开始之前，全罗北道扶安郡的界火岛上曾生活着一种在当地被称为"农蛤"的蛤蜊。界火岛上的居民至今对身形巨大的农蛤印象深刻。一只农蛤比成人的两只手还要大，足够一家人吃饱饭。当地人在海滩上捕到四五只这种农蛤的话，根本无法把它们带回家，只能现场剥掉农蛤的外壳，把肉带回家。但随着围海造田的进行，农蛤消失了。到现在再也没有人见过农蛤。

　　消失掉的生物是不可能再出现的。农蛤彻底消失了。就像已经灭绝的恐龙不会再次出现在人们面前一样。因为所有的生命都是伴随着地球的历史一起出生，一起进化的。由于自然遭到破坏，环境污染严重，地球上到处都有生物在消失。

　　希望人类不会迎来消失的那一天。

消失的家园

　　海滩数千年来一直是人们赖以生存的家园。生活在海滩的人们每天捕鱼捉贝，逐渐有了村落，形成了互帮互助的共同体。为了祈祷丰收和平安，全村的人聚集在一起祭祀、玩游戏，形成了渔村文化。但随着海滩的消失，渔村逐渐消失了，上述的一切也在消失中。

　　一直以来依靠海滩生活的人在离开海滩后要怎么生活呢？由于政府的开发计划而失去海滩的渔民收到了补偿金，开始移居到城市或其他地方。只顾追究眼前补偿金多少的渔民，邻里关系因此而破裂。

因为钱而引发的争吵不只打破了村庄的平静。更大的问题是，在渔村生活了一辈子的渔民根本无法适应新的环境。无法适应新环境的人们逐渐陷入困窘的生活中。最终，渔民们不仅失去了赖以生存的家园，内心也充满了创伤和绝望。

 被污染的海滩命运堪忧

没有因为围海造田而消失的海滩也面临着污染的危险。污染随着自然的循环而扩散。例如，当水受到污染后，会使水中的浮游生物受到污染，以浮游生物为生的鱼类等生物也会受到污染，而以鱼类等生物为食的大型水生生物也会受到污染，最终使人受到污染。当陆地受到污染时，污染物随河流和地下水流经海滩，使得海滩受到污染，最后污染到大海。全地球都处于污染的大网中。由于自然拥有自我净化的能力，所以到现在为止，地球仍安然无恙。但现在人类造成的污染越来越严重，正在超过地球能够承受的底线。

工业革命以后，人类的生产力大大提高，但产生的污染物也越来越多。虽然现在人们对环境的重视程度比工业革命初期有所提高，但数不清的工厂、家庭和牲畜仍然在不停地制造污染，将污染排向河流。河流在注入大海前势必要经过海滩。而海滩的面积正在日益缩小，排向海滩的污染物正逐渐增多。

超出海滩净化能力的污染物正在威胁着海滩的生态健康。

除了通过大自然的这种循环间接地污染海滩外，近年来，人类也在对海滩造成直接的伤害。随着海滩生态上的价值和美丽的自然景观逐渐为大家所知晓，前往海滩旅行的人越来越多，但前来旅行的人对海滩没有具备最基本的礼仪。人们随意践踏海滩，就像私自闯入别人家一样，极不礼貌。海滩下面生活着无数的生命。而且人们在海滩上的喧闹声和海滩周边店铺的音乐声使鸟类逐渐远离海滩。

无视海滩的价值，只关注眼前的利益，使得海滩正在生病，并使很多生物随之消失。

阿里郎1号人造卫星拍摄的
新万金围海造田工程现场图片

5 焕发生机的海滩

现在，与海滩同呼吸、共命运

地球上并不是所有的海滩都在死去。有的人领悟到海滩的重要性，开始保护海滩，探寻同海滩生物和谐共存的方法。人们通过将海滩指定为国立公园，政府和民间组织购买海滩，或者当地居民起诉想要开发海滩的政府等各种方式保护海滩。对海滩的爱，是这些人的共同之处。让我们学习一下他们同海滩共存的方法以及热爱海滩的方法，怎么样呢？

1. 世界上的海滩和《拉姆萨尔公约》

🐌 世界上那些美丽的海滩

美国东部佐治亚州海岸，南美洲亚马孙河口，丹麦、德国、荷兰等北海海岸，加拿大东部海岸，以及韩国的西海岸海滩是世界五大海滩。虽然世界各处都分布着大大小小的海滩，但生物具有多样性，研究价值很高的海滩却不多。因为形成一片广阔的海滩需要很苛刻的条件。

这些世界上有名的海滩具有一个共同的特征，那就是它们都具有被陆地所包围的地形。而且都在海岸线复杂、潮差特别大的地区。

当然亚马孙河口除外，因为它是一个在河口的海滩。亚马孙河挟带的大量泥沙，在河口处形成了广阔的海滩。

美国与韩国相反，西部地区分布着很多如落基山等高峻的山脉，地势崎岖，而东部地区地势平坦。所以美国的东部海岸具备了形成海滩的条件。

北海和瓦登海海滩与韩国不同，主要成分为沙子。这个地方有很多海狗，仅荷兰就有3500多只。海狗喜欢沙滩。退潮后，经常可以看到成群的海狗在沙滩上享受日光浴。

世界所有的海滩上，都发生着一样的事情：螃蟹在挖洞，沙蚕在处理污染物，蛤蜊们的壳在成长，鱼在产卵，鸟儿们在寻找食物，海狗在享受日光浴。

湿地消失，鸟类在逐渐死去

1971年，在伊朗的拉姆萨尔，各国官员汇聚一堂。10年来，世界各地关于鸟类失去家园，逐渐死去的报道屡见不鲜。由于人类围海造田，湿地减少，使鸟类失去了赖以生存的巢穴。再加上，数不清的候鸟每年从地球的一端飞到另一端，所以世界上的湿地是相互联系的。

湿地，指的是长时间或短时间内有浅层积水的土地。海滩、河流、湖、沼泽都属于湿地。水田应该也算是湿地。海滩是位于海边的一种特殊湿地。10年来，由于湿地的减少导致鸟类逐渐死去，这件事使全世界的人意识到湿地的重要性。

保护自然的第一个国际公约

在伊朗的拉姆萨尔，世界上第一个为保护和合理利用自然资源，由许多国家共同签署的国际公约诞生了。它就是《拉姆萨尔公约》。

《拉姆萨尔公约》从1975年开始生效，截止到2003年10月，已经有138个国家签署了这项公约。《拉姆萨尔公约》成员国在使用湿地时，必须把对湿地的损失降到最小，还有义务将境内至少两个重要湿地列入湿地名单，每三年提交一次相关湿地的研究调查报告。

▲牛浦沼泽
▶生长在牛浦沼泽的水草

▲牛浦沼泽紫云英群落

◀紫云英：4—5月中旬开花。花的颜色
像紫色的云朵，所以被称为紫云英。

《拉姆萨尔公约》的初衷是保护水鸟栖息地——海滩和周边海域，不过现在《拉姆萨尔公约》不仅正在保护着水鸟，还在努力保护着海滩整个生态系统以及生活在海滩的各种生物。

成为《拉姆萨尔公约》的缔约国

近年来，韩国成为了《拉姆萨尔公约》的缔约国。一直以来对湿地进行开发，只想到眼前利益的人们终于意识到了湿地的重要性。从现在开始，我们应该寻找方法保护湿地。

韩国在1997年成为第101个《拉姆萨尔公约》的缔约国。"大严山的龙沼"和"昌宁的牛浦沼泽"被《拉姆萨尔公约》列入湿地名单。最近，根据"年度湿地保护大会"对海滩和湿地的调查结果，韩国有17处地方符合《拉姆萨尔公约》定义的必须受保护的海滩和湿地的标准。其中海滩就有15处，它们几乎全部面临着消失的危险。

2. "胡萝卜加大棒" 法保护海滩的美国

通过立法保护海滩

　　美国是世界上经济最发达的国家。但美国也是最早为了开发进行围海造田的国家之一。破坏自然的后果并不会立时显现，所以执着于经济开发的人无视破坏海滩带来的危害，同时劝别人不用过于担心。一直到几年甚至几十年后，人们才意识到自己的错误，但那时事情已经到了无可挽回的地步。

　　美国最早认识到了围海造田带来的危害。美国政府为了阻止人们继续破坏海滩，成为世界上第一个制定了相关的法律制度的国家。美国共有50个州。每个州都可以自己制定法律和制度，所以如果各个州的意见不相统一，就会因为海滩发生争吵吧？

　　因此，美国规定使用包括海滩的海边时，管理海洋资源时，各个州都要遵循联邦政府制定的法律。政府制定了相关法律后，拥有海滩的各个州开始寻找措施来保护海滩。

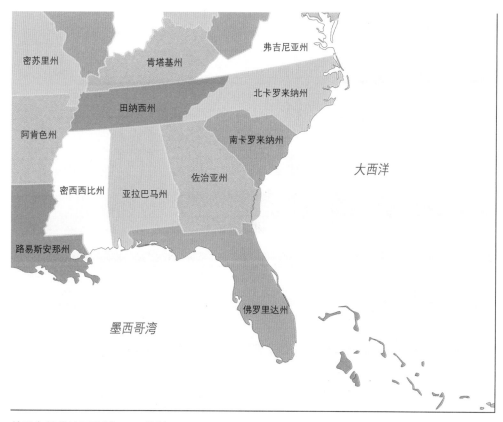

美国东部佐治亚海滩 ▨ 海滩

地图标注：
密苏里州　肯塔基州　弗吉尼亚州　田纳西州　北卡罗来纳州　阿肯色州　南卡罗来纳州　密西西比州　亚拉巴马州　佐治亚州　大西洋　路易斯安那州　佛罗里达州　墨西哥湾

不可以对海滩做的事情

　　威斯康星州想出了将海滩指定为"受特别保护的地区"的方法来保护海滩。所以政府方面制定了法律，详细规定了人们在海滩上可以做的事情和不可以做的事情。

　　根据法律，政府允许人们在海滩上进行保护自然的活动，以及骑自行车、散步、钓鱼、游泳等不会对环境造成变化的休闲活动。而开垦土地、规模较大的工程、扔垃圾等行为是法律所禁止的。

购买海滩

在美国，为了维护公共利益，政府或民间组织会将重要的土地买下来。也就是说，以环境组织为中心，或者居民们自发筹集资金将海滩买下来，进行保护。但是买下土地需要花费大量的金钱，怎么筹集到这笔钱是最重要的事情。

美国密苏里州为了筹集资金买下海滩使用了很多方法。州政府出面募集买下海滩需要的金钱，政府将密苏里州中的候鸟制成邮票，想要捐款的人都可以购买。这跟韩国的情况很不一样吧？密苏里州的自然保护协会、候鸟协会等环境组织也参与了资金募集活动，据说其中有很多人自掏腰包进行资金募集。

"胡萝卜加大棒"的方法保护海滩

美国还通过经济上的奖惩来保护海滩。如果某人通过某种方式保护了海滩，则政府会减免该人的赋税。如果个人想要使用海滩，必须缴纳一定数额的使用费，违反规定使用海滩的话，则要缴纳罚款。支持政府或民间组织买下海滩的人将被减免税金，致力于保护海滩的团体组织将获得税金优惠。

你听过"胡萝卜加大棒"这句话吗？这句话的意思是想要驴子听话，就时而给它萝卜进行奖励，时而给它大棒进行惩罚。

美国制定的法律很符合"胡萝卜加大棒"的说法。

缴纳使用费，马里兰州就使用了这一方法。在马里兰州任何人都不能钓鱼。如果被管理人员碰到在干净透彻的海边或河边钓鱼，就会被强制缴纳罚款。因为人们必须得到许可后才能钓鱼。取得许可不需要具备特殊的条件，只要缴纳使用费就可以。通过这种方式募集的资金将用于海滩保护。

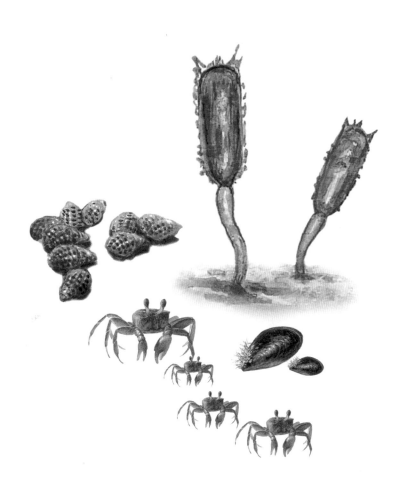

3. 举办体验式海滩教育观光项目的德国

深爱海滩的人们

德国人对海滩的感情让人吃惊。德国拥有的海滩面积跟朝鲜半岛上海滩的面积相似。德国人很早就意识到了海滩的重要性，从20年前就将海滩指定为国立公园。特别是下萨克森（Niedersachsen）海滩被联合国教科文组织指定为"世界自然遗产"。在德国，不仅是环境倡导者和国民主张保护海滩，政治家和政府官员也致力于保护海滩。德国人对海滩的热爱真让人惊叹不已。

礼貌地对待海滩

访问德国海滩的时候一定要小心。因为如果你还像在韩国时一样，在海滩上嬉戏吵闹，大喊大叫，或者破坏螃蟹挖的洞，在海滩上捉蛤蜊，一定会被赶出去的。德国人认为，进入海滩时，人们应该礼貌地对待那里的生命，保持谦逊的态度。就像访问朋友家时，礼貌地对待朋友一家一样。

所以在德国，海滩被分为三个区域。"第一区域"严格地保护海滩和海滩生物的区域。在这个区域，人们只能按照指示牌的标识前行。

折断植物或捕捉动物都是不被允许的，拍照或录像也是被明令禁止的事情。因为人们的行为可能会引起动物的恐慌，为了不影响动物的生活，德国制定了以上规定。

受保护区域的外层便是"第二区域"。这一区域主要是为了保存地形的原生态。除了鸟类产卵繁殖后代的4—7月，人们可以在这个地方自由地散步或骑自行车。但禁止人们发出打破自然宁静的声音或导致环境污染的行为。

最后的"第三区域"是为到国立公园休憩或休养的人划定的区域。虽然人们可以在这一区域自由行动，但不能使用汽车或摩托车。涨潮时，人们还可以来这里享受海水浴或者划船。

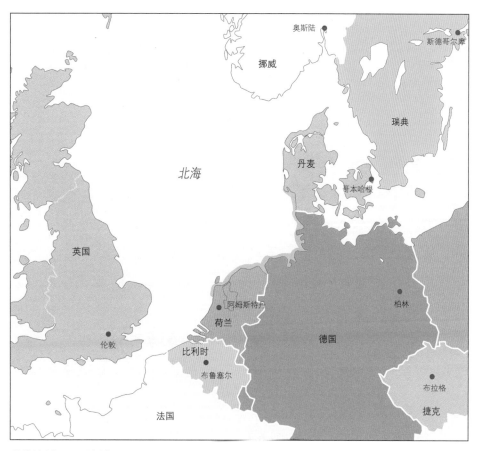

北海海滩 ▨ 海滩

保持原生态

德国人为自己国家拥有不被开发和污染的原生态海滩而自豪。污染原生态的海滩在德国是不被允许的。特别是排放出尾气的汽车在海滩被禁止通行。如果大家都开着车来到海滩，不仅会造成空气和噪声污染，还会使海滩成为停车场。

"数百万只候鸟在这里吃饱后，继续它们数千公里的旅程。这里是北海鱼类的产卵场，也是鱼苗成长的摇篮。而且海滩中的微生物能够净化随海水或河水而来的污染物。为了保护海滩的这种特性，德国在1976年将所有海滩都登记为《拉姆萨尔公约》中受保护的湿地，1986年将所有海滩指定为国立公园。"

国立公园事务所的导游向专程来到德国探访海滩的各国游客这么解说道。

德国人认为国立公园是"除了照片什么都不带走，除了脚印什么都不留下的地方"。

多种多样的教育项目

前往德国参观海滩的人非常之多，导致水产业的收入远不如观光业的收入。那么多人参观海滩，为了不使海滩受到污染，也为了让更多的人了解到海滩的重要性，德国举办了各种教育项目。特别是一种叫玛尔提马（Multimar）的教育观光十分特别。它让人直接体验海滩产生的过程，以及涨潮和退潮的场景。并且通过拼图的形式，使人和动物成为亲密的朋友。有的房间的展示窗中展示着巨大的模型沙蚕、蛤蜊、螃蟹等动物，让人犹如身临其境。

环境组织和居民个人也为海滩教育贡献了自己的力量。在许多志愿者和公益环境组织的帮助下，这种教育项目得以持续下来。体验海滩的最好方法是安静地走在海滩上，一边走路，一边倾听海滩发出的各种声音，能深刻地感受到海滩下生活着各种各样的生命。自然是我们最好的老师。据说，退潮时走在海滩上的这个教育项目已经持续了40年了。

　　而且，很多研究所也成为了保护海滩的坚强后盾。许多研究所正在通过调查海滩和海滩生物来研究保护海滩的方法。其中最古老的海滩研究所已经有100年的历史了。德国之所以拥有那么美丽的风景，并不是偶然，而是德国人倾注了热情和关心的结果。

4. 建立"风暴潮防护坝"和退耕还海的荷兰

同大海作斗争的人们

荷兰人渴望获取农田，为了扩张北海地区的土地面积，在过去的500年来，一直跟大海作着斗争。荷兰人通过建造围堤，阻隔海水的方式进行围海造田。因此荷兰的历史被称为"围海造田的历史"。

荷兰的地势比海平面还低。古代的荷兰人为了获取更多的耕地，也为了阻止汹涌的波涛入侵陆地，开始建立防潮堤。然而巨大的浪涛总是越过堤坝攻击村落。不管是辛苦耕种的农田，还是家人休息的房子，经常被海浪袭击。在当时，除了加固堤坝，似乎没有更好的办法。荷兰人一度将大海视作需要斗争的敌人。

大海的反击

1953年，发生了一件让荷兰人难以容忍的事情。在暴风海潮中，有67处堤坝被冲毁，1800多人失去了生命。其中三角洲（Delta）地区的受损情况最为严重。基于此，政府提出了在三角洲地区建立防洪坝，以抵御海水的三角洲工程。这项工程得到了饱受水患的荷兰人民的一致赞同。

经过几十年的建设，荷兰人在三角洲处建立了一系列水坝。然而，从那时起又出现了新的问题。就在断绝陆地和大海联系的那个瞬间，在人们感到不会再受大海威胁，认为从此会高枕无忧的那个瞬间，大海开始了反击。

在堤坝内建设的人工湖由于同大海断绝了联系，导致水质急剧下降，周边的动植物也开始大批死去。就在三角洲即将完工时，荷兰人才发现事情超出了预期，有地方出了差错。

一定要阻断跟大海的联系吗？

奥斯特赫尔特湾是尖嘴鱼、鳀鱼、云斑锦等鱼类繁殖的场所，也是鳕鱼、条腹拟庸鲽、青鱼等鱼类度过童年时光的家园。作为70多种鱼类的栖息地，该地也是候鸟的巢穴所在地。这些鱼类和候鸟差点就此消失。

"一定要阻断跟大海的联系吗？只在海潮来临之际阻挡海水不行吗？"带着这样的疑问，荷兰人开始寻找新的办法。

在平时，闸门打开，海水可以自由进入。等海潮来袭时，就关闭闸门。荷兰人想出了这种"风暴潮防护坝"的方法。虽然建设这样的堤坝需要花费更多的金钱，以及面临很多技术上的困难，但它是一个重要的转折点。

　　没有忘记过大海有多恐怖的荷兰人，为了鱼、虾、贝以及水鸟，毅然将闸门放开。为了保护自然，荷兰人果断地放弃了之前的计划。荷兰人这种大无畏的精神让人赞叹不已。500年间不断争斗的荷兰人和大海开始走向和解。

同大海一起生存下去

　　荷兰正在进行退耕还海的行动。他们正在帮助以前被堤坝填埋的海水重见天日，重新召唤消失的生物们。据说荷兰大约有20多处正在进行这种还原自然本来面目的活动。

　　对于荷兰人来说，他们对大海的恐惧并没有消失。那么为什么他们要花费那么多的金钱和时间退耕还海呢？这是因为他们意识到这样一个事实：如果不能同大海和谐相处，最终人类会失去一切。

5. 守护谏早湾大弹涂鱼的日本人

想要帮助大弹涂鱼

1997年4月14日，日本人在电视上看到了这样一幕场景。随着巨大的钢铁板的落下，谏早湾与大海的联系被完全割断了。293张钢铁板将海水完全隔绝在外用了不到45秒的时间。存在了数千年的谏早湾海滩和海滩上的生命们在短短45秒的时间后，开始走向死亡。

为了保护海滩努力了数十年的山下先生那天傍晚刚回到家，就接到了一通电话。

"我上小学的女儿看了电视，一直哭个不停。现在正跪在我的怀里，跟我一起听电话。难道没有办法来帮助大弹涂鱼吗？"

新的开始

谏早湾海滩位于日本九州的西侧。谏早湾海滩的开垦工程始于1989年，1997年水闸关闭后正式竣工。大弹涂鱼是生活在谏早湾的鱼类。当地居民称，看到大弹涂鱼在海滩上活蹦乱跳的样子，会感到谏早湾海滩上充满了勃勃生机。

那一天水闸的落下，让一直以来想要阻止谏早湾海滩开垦工程的人们的努力付诸东流。但那一天，对于想要拯救海滩的人来说，也是一个新的开始。

站在法庭上的大弹涂鱼

在谏早湾海滩开垦工程完工的七个月前,大弹涂鱼站到了法庭上。想要保护海滩的人们代替大弹涂鱼向日本政府提出了诉讼。日本民众认为,就像还没有出生的孩子和非人类的公司具有法定权利一样,非人类的其他生命也应该具有法定权利。事实上,美国法律中就有规定承认了生活在夏威夷岛的小鸟的权利。地球上相互联系的包括人类的所有生命都应该具有健康生活的权利,但日本政府并没有承认这一点。

韩国也是一样。在第一次诉讼中，大弹涂鱼的权利没有得到承认，谏早湾海滩开垦工程还是完工了。然而民间关于拯救海滩的呼声越来越高。2000年，律师们也加入了对日本政府的第二次诉讼，引起了大家的广泛关注。虽然第二次诉讼仍然没有为大弹涂鱼争取到应有的权利，但是看到诉讼全过程的人们内心逐渐开始动摇。某个为大弹涂鱼争取权利的护士说了这样的话。

　　"昨天早上还是人，傍晚变成了海藻，今天变成了大弹

涂鱼，明天变成了鹬，在天空中飞行。在这样不断循环的世界中，谏早湾海滩承担着车轮的角色。如果不顾及人类的未来，放任我们自己不断地破坏自然，那么我们怎么能够守护人类的明天呢？"

曾经只把大弹涂鱼视作食物的人们开始反思自己，意识到人和大弹涂鱼一样，都是大自然的一员。

2001年8月，日本政府发言称：虽然不能将谏早湾的防潮堤拆除，但可以打开水闸，让海水自由进入。虽然谏早湾中有很多生命已经或正在死去，但水闸的开放让谏早湾海滩终于活了下来。也许在很久以后，谏早湾海滩会重新恢复原来生机勃勃的气息。

谏早湾的双胞胎——新万金

韩国的新万金海滩比谏早湾海滩要大10倍以上。日本统治时期接受了日本开垦技术的韩国至今仍受到该技术的影响。人们看到新万金开垦计划，就好像看到了日本谏早湾海滩的开垦工程。实际上这两个地方都以开垦为理由，开垦的过程也十分相似。

日本因为开垦工程失去了一半以上面积的海滩。由于海岸生态系统遭到破坏，鸟类也失去了家园。直到这时，日本人才领悟到海滩的珍贵。

那么我们应该怎样保护新万金海滩等西海岸海滩呢？难道我们要重蹈日本的覆辙吗？

6. 同美丽的海滩和谐共存

 生活在地球上的智慧

除了热爱海滩的德国人，其他国家在一开始并没有尽心保护过海滩。在人们眼中，海滩并不是大海和陆地交汇处的生命之宝库，而是建设防潮堤的最佳地点，也是最容易变成农田的地方。以前人们认为，生活在海滩上的螃蟹、蛤蜊、鱼、鸟以及为数不多的人不管发生什么事情都跟自己没有关系。

但是不久之后，人类就意识到自己的想法有多么愚蠢。但意识到这点时，人类已经付出了巨大的代价。

人类失去了海滩，水不再清澈，动物成群地死去，渔村开始走向没落，最后人类自己也遭受到了污染的影响。人们幡然醒悟，破坏自然就是在破坏我们自身。

　　我们身体中的水，先是流入河流，随河流注入大海，接着变成雨水，最后重新进入我们的身体。我们家中洗手间中冲走的有机物成为微生物的食物，微生物又成为了蛤蜊的食物，最后蛤蜊又变成了我们的美食。世界万物都在宇宙中、在自然界中循环不息。那么我和大海没有关系吗？我和蛤蜊等动物没有关系吗？我和海滩没有关系吗？我和生活在非洲的黑人小孩没有关系吗？最终，地球是一个大的整体。世间万物都是相互联系的。"地球万物本为一体"的想法是生活在地球上的智慧。

守护美丽的海滩

　　不仅是那些拥有广阔海滩的国家，即使是只拥有小片海滩的日本也开始为保护海滩而努力。致力于保护海滩的国家拥有哪些共同之处呢？他们都因为自己拥有世界上少有的海滩充满了自信和自豪。一位海洋专家曾说过，韩国西海岸的海滩是世界上最具生命力的海滩之一。只有了解了海滩，才会热爱海滩；只有热爱海滩，才会产生自信和自豪。

我们经常忘记身边事物和周围人的重要性。例如空气和水，家人以及朋友。我们很容易忽略经常出现在我们身边，十分重要的事物和人。只有当空气和水受到污染，当自己与家人分开，当与朋友吵架后，我们才会意识到：这些有多么珍贵。

　　请不要忘记：我们的海滩有多么美丽，富含多少生命力，多么勤劳地为我们净化环境，又多么尽心地守护着地球的健康。我们拥有世界上最美丽的海滩。

拥有一颗母亲一样的心

非洲地区的树木、草和蔓藤十分茂盛，形成了一大片森林。由于森林生长得过于茂密，人们轻易无法进去。这样广阔茂密的森林被人们称为"地球之肺"，是因为森林中的植物不断制造出氧气，供地球上的生命呼吸。人如果没有了肺，就会因无法呼吸而死去。广阔的森林如果消失了，世界上大部分的生命，包括人，也会面临死亡。

所以，我们不能随心所欲地砍伐森林。能够拯救地球生命的森林不应该因某些人的自私而遭到破坏。

每年春天，鱼群都会越过太平洋，来到西海岸海滩繁殖后代，然后再回到遥远的大海。因此西海岸海滩在地球的生态圈中承担着重要的角色。就像人类要守护森林一样，我们应该主动站出来代表全世界的人民守护我们国家的海滩。

拥有海滩的国家曾经为了眼前的利益，破坏海滩，进行围海造田。现在他们已经为此付出了沉重的代价。但所有的海滩开发并不会因此而终止。因为对政府来说，放弃开发海滩期间投入的那些金钱和时间，承认自己的错误，需要极大的勇气。当然，政府也需要更大的勇气去阻止更大的错误发生。

有句话叫因小失大。人类为了眼前的蝇头小利，也许正在毁坏自身，甚至毁坏整个地球。如果意识到对海滩的爱，我们会自然而然地产生守护海滩的勇气。就像妈妈为了子女，可以面临任何危险的勇气。

海滩上的生物图鉴

注："图鉴"中主要记录文中出现的图片。
"图鉴"中出现的图片与实际大小有出入。

缢蛏 *Sinonovacula constricta*
软体动物双壳纲灯塔蛏科

缢蛏生活在泥滩中。它喜欢在盐分较少的内弯海滩挖穴生活，穴的深度在30~60厘米之间。缢蛏用自身的出水管和排水管挖穴。它将两个水管伸到地表，用来吸进食物。贝壳的形状为长方形，两边为圆形，稍微有点鼓。从整体上看起来为折刀形状，因此在国外又被称为折刀（Jack Knife）贝。缢蛏的肉被称为"味肉"，味道鲜美，人们一般烤着吃或蒸着吃。多生长在西海岸泥滩中。

青蛤 *Cyclina sinensis*
软体动物双壳纲帘蛤科

青蛤栖息在退潮后8小时中，露出地表的泥沙混合式海滩中，或者水深不超过20米的浅海中。贝壳的颜色为黑色，因此被称为青蛤，不过也有灰色外壳的青蛤。市场上我们经常见到的磨洗贝实际上就是青蛤。

棘刺锚参 *Protankyra bidentata*
棘皮动物门海参纲锚参科

同表面高低起伏的海参不同，棘刺锚参在混合式海滩上挖穴而生。表面颜色为肉色，看起来像皮筋，但触摸的话会感到棘手。触摸棘刺锚参时，被触摸的部分会变成白色，并且会被锚参砍掉，不过20天左右以后，被截掉处会长出新的海参。棘刺锚参以吸食海滩中的泥沙为生，它会在地底挖一个通道，通向大海。这个通道可以为海滩提供氧气。

花脸鸭 *Anas formosa*
脊椎动物鸟类雁形目鸭科

花脸鸭生活在湖泊、沼泽、水田等面积广阔的区域。以草种、水稻、水草、昆虫、无脊椎动物等为食。由于人们的大肆捕猎，如今世界上大约只剩下20万只花脸鸭。它一般在白天休息，早上或黄昏时觅食。早晚时分一大群花脸鸭飞过天空的场景十分壮观。在朝鲜，花脸鸭又叫"半月鸭"。

凹线蛤蜊 *Mactra chinensis*
软体动物双壳纲蛤蜊科

贝壳十分光滑，颜色为黄褐色和褐色相间。贝肉为橘色，雄蛤蜊的颜色要更深一点。韩国解放那一年，遭遇到了百年一见的饥荒。由于依靠凹线蛤蜊，很多人都活了下来，所以至今人们仍称它为"解放蛤蜊"。因为凹线蛤蜊表面为黄色，所以又被称为"黄色蛤蜊"。肉味鲜美，一般蒸着吃或烤着吃。主要分布在东海岸、西海岸和济州岛地区。

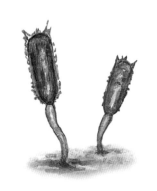

舌形贝 *Lingula unguis*
腕足动物舌形贝科

生活在泥沙混合的海滩中。舌形贝的数量很多，在全罗北道扶安的界火岛海滩上长宽仅为1米的地方，就存在着大约500只舌形贝。模样与竹蛏相似，却属于腕足动物。舌形贝从古生代后期（2.5亿万年前）一直生活到了现在，因此被称为"活化石"。它用肌肉发达的脚紧紧抓在海底，使身体固定，依靠吸食水中的有机物为生。

宽体舌鳎 *Cynoglossus robustus*
脊椎动物鲽形目舌鳎鱼科

宽体舌鳎身体为椭圆形，眼睛在左侧，左侧的身体呈红褐色，右侧为白色。鳞较大，身体两边的边缘处分布着10片竖直的鱼鳞。宽体舌鳎在济州岛西部或南部地区较深的海域中过冬，春天迁徙到西海岸或南海岸生活。6—7月在西海岸或中国沿海地区繁育后代。主要以沙蚕为食，也吃体形较小的甲壳动物。

海蟑螂 *Ligia exotica*
节肢动物甲壳动物真软甲亚纲

海蟑螂生活在岩石缝隙或海藻类植物附近。喜欢成群出现，每群由数十只到数百只海蟑螂组成。由于长得像蟑螂，所以被称作海蟑螂。海蟑螂的移动速度很快，但很容易被风吹跑，所以渔民们看到海蟑螂四处乱窜时，就知道要起风了。海蟑螂的前须和尾巴分别具有嗅觉和触觉，它的这两对触角不停地触动，以寻找食物和探知其他生物的移动方向。

肾叶打碗花（俗称喇叭花）　*Calystegia soldanella*
旋花科打碗花属

经常生长在海滨沙滩上。粗壮的茎蔓向外扩散，扎根在土地上。不管遇到草还是其他物体，都会缠绕着攀爬上去。叶子与肾脏的形状相似，叶子的边缘为圆形。5月开粉红色的花。主要分布在济州岛、全罗道、庆尚道地区。

福氏玉螺　*Lunatia gilva*
软体动物腹足纲玉螺科

生活在泥滩或泥沙混合的海滩上。经常在海滩上爬行，寻找将水管伸出地表的藏在地下的蛤蜊。找到后，用脚将地面挖开，把蛤蜊包裹住，然后在贝壳上钻出小孔，吸食贝肉。主要以吸食蛤仔、青蛤为生。

蛎鹬　*Haemantopus ostralegus*
脊椎动物鸻形目蛎鹬科

一般分布在东亚，特别是韩国西海岸一带岩石较多的海边、岛屿和海滩等地方。蛎鹬喜欢群居生活。嘴上有红色的斑点，样貌与喜鹊相似。嘴长大约在8~10厘米之间，是鹬科鸟类中嘴较长的一类鸟。主要吃螃蟹类、沙蚕类、螺类、体形较小的鱼类以及海藻类水生动植物。蛎鹬是很少见的候鸟，据推测其中有大约250万只变为留鸟，在韩国繁殖后代，度过冬天。已被列为第326号天然纪念物，属受保护鸟类。

白脊藤壶　*Balanus albicostatus*
节肢动物甲壳纲藤壶科

除了涨潮时与海水混合的河口处，其他地方很少能见到白脊藤壶。白脊藤壶的外壳像斗笠，右侧较宽，表面为黄色，里侧为深蓝色。涨潮时，白脊藤壶在超出海平面很多的石头上安家，等退潮后爬出来寻找食物。

日本鼓虾 *Alpbeus japonicus*
节肢动物甲壳纲鼓虾科

在海滩或浅海海底挖穴而生。红色和褐色相间的外壳十分光滑，额头部位有短刺。眼睛完全被甲壳覆盖。眼睛部分鼓起，背部略圆。它的一对虾钳经常发出嘎嘣的声音，因此也叫"嘎嘣虾"。可用作鱼饵。

短身大眼蟹 *Macropbtbalmus dilatatus*
节肢动物甲壳纲沙蟹科

蟹壳较宽。乍一看和日本大眼蟹长相一样，实际上短身大眼蟹的蟹壳更宽一些。而且日本大眼蟹主要栖息在泥滩上，挖的洞穴宽而大。短身大眼蟹多生活在沙子较多的海滩上，挖的洞穴长而细小。公蟹比母蟹的大螯大很多，上面有突起，长相十分特别。生活在韩国西海岸和南海岸地势较高的地方。

泥蚶 *Tegillarca granosa*
软体动物双壳纲蚶科

生活在水深约为10米的海滩底部。贝壳上有突起，体形比血蛤或赤贝要小，贝壳上没有毛。贝壳表面有17~18道槽线，以前人们称它"看起来像瓦房的屋顶"。它的血为红色，这是独有的一点，与其他贝壳不同。在全罗道的一些地方，当地人将泥蚶稍微蒸开后，抹上辣椒酱吃。很久以前人们就开始食用泥蚶，因此在化石和贝冢里经常发现泥蚶的痕迹。

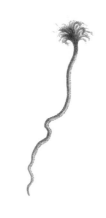

缨鳃虫 *Sabellida*
环节动物缨鳃虫科

缨鳃虫的口前触角，即触手丝很小。这些触手丝群组成了王冠形状或漏斗形状或羽毛形状的鳃。由触手丝组成的这种羽毛形状或王冠形状的鳃可以呼吸和猎取食物。像王冠一样的鳃一般有着很多种亮丽的颜色。在海水中，我们可以看到缨鳃虫伸展着各种颜色的触手寻找食物。

碱蓬 *Suaeda asparagoides*
石竹目藜科一年生杂草

生活在海边或沙地。春天和夏天碱蓬的颜色为绿色，但秋天时碱蓬的下半截会变为红色。碱蓬的叶子如同松树一般坚硬，因此在韩国又被称为"海松草"。7—8月开黄色的小花。碱蓬多分布在韩国西海岸和济州岛地区。

章鱼 *Octopus minor*
软体动物头足纲章鱼科

一般在浅海的石头缝隙或泥滩中挖穴生活。章鱼将"爪"伸到洞穴外边捕捉食物。以虾、螃蟹、牡蛎、蛤蜊等为食，多在晚上活动。被追赶或遇到危险时，章鱼会往外喷出墨汁，借机逃走。它具有鸡蛋形状的身体，在它的8只"爪"之间分布着眼睛和脑袋。很早以前，人们就开始食用章鱼。一般有将章鱼作为生鱼片生吃、做汤和烤着吃等做法。常见于全罗道海边地区。

比目鱼（牙鲆） *Paralicbtbys olivaceus*
脊椎动物鲽形目鲆科

也被称为"片鱼"。一般生活在水深为100~200米的海底，不过在内湾的浅海地区也可以看到体形较小的比目鱼。比目鱼白天将身体埋在沙子地下，晚上出来觅食。它的食物有贝类、环节类、多毛类动物。比目鱼的外形与鲽鱼相似，不过鲽鱼的眼睛在右侧，比目鱼的眼睛在左侧。多分布在韩国、日本、库页岛、千岛群岛和中国南海地区。

白琵鹭 *Platalea leucorodia*
脊椎动物鹳形目鹮科

生活在海滩、湖泊、河边、湿地周围。白琵鹭的嘴前端为黄色。捕食时，白琵鹭一边在水边浅水处行走，一边将嘴张开，伸入水中左右来回扫动。看到远处的食物，会伸长脖子捕食。休息时，白琵鹭只靠一腿支撑，另一条腿往上伸缩。它是很少见的一种候鸟。在韩国，只有浅水湾、注南贮水池和济州岛等地出现过过冬的白琵鹭。白琵鹭被指定为第205号天然纪念物，属于濒危物种。

弧边招潮蟹 *Uca arcuata*
节肢动物甲壳纲沙蟹科

在距离海岸较近的海滩挖穴而生。弧边招潮蟹是挖洞高手，有时它的洞穴深度能达到80厘米。母蟹两边的螯大小一样，公蟹的螯则有一边特别大，差不多为背部的2~3倍。退潮后，经常可以看到弧边招潮蟹在海滩上挥舞着大螯。这是公蟹在向其他动物宣示自己的领土，以及向母蟹求爱。多分布在西海岸，南海岸也有分布。

斯氏沙蟹 *Ocypode stimpsoni*
节肢动物甲壳纲沙蟹科

在沙滩挖穴而生，洞穴为垂直型。它的身体为金黄色，与沙子相似，间或有白色分布。受到阳光照射后，身体颜色变为古铜色。斯氏沙蟹用它的大螯将沙子放在嘴中，挑选喜欢的部分吃，不吃的部分则被卷成圆形的沙球吐出。在大半夜经常看到斯氏沙蟹单独出来觅食，因此它又被称为"幽灵蟹"。斯氏沙蟹只分布在东海迎日以南，南海岸、济州岛，以及西海岸的京畿地区。

角木叶鲽 *Pleuronicbtbys cornutus*
脊椎动物鲽形目鲽科

生活在水深200米左右的海底。两眼突起均在头的右侧。深秋到初冬，角木叶鲽的鱼子长到2.3厘米时，左眼会转向右眼，两眼突起。鱼子进入成熟期后，2~5厘米大小的鱼子会在2—3月间出现在浅水地区。主食幼虫类或小型甲壳类。分布在韩国、日本、中国台湾和中国沿海地区。

四角蛤蜊 *Mactra veneriformis*
软体动物双壳纲马珂蛤科

常见于泥沙混合的西海岸海滩。由于四角蛤蜊经常隐藏在海滩地底2厘米左右的洞中，所以经常成为玉螺、大玉螺等的捕食目标。移动时，它的动作很大，很容易被发现。贝壳的颜色根据沙滩的颜色有所变化，平时为黑色，并点缀着黄色。四角蛤蜊挖洞的速度很快，短短的3分钟内它就可以把自己的身体完全隐藏起来。在韩国群山地区，当地人称之为"巴非哈"。

弹涂鱼 *Periopbtbalmus modestus*
脊椎动物鲈形目虾虎鱼科

弹涂鱼长相与大弹涂鱼十分相似，但实际上体形比大弹涂鱼小。胸鳍发达，故可在海滩上跳动。涨潮时，为躲避海水，弹涂鱼会跳向地势较高的地方。等退潮后，弹涂鱼会在海滩上行走。行走途中，当鱼体被太阳晒干时即爬入水坑中，并将口中所含的水吐出，再次喝水。如果看到弹涂鱼正在"打哈欠"，实际上那是它在呼吸氧气。

竹蛏 *Solen corneus*
软体动物双壳纲竹蛏科

竹蛏为细长的圆筒形贝。竹蛏前后两端是打开的，所以看起来像是两片破裂的竹片合起来形成的。它一般在泥滩或沙滩挖穴生活。洞穴为20~30厘米的椭圆形。如果往洞口撒盐，竹蛏受到惊吓，会立刻爬出来。这时可以直接用手或者用卷成箭状的铁丝捕捉竹蛏。蛏肉味道鲜美，也经常用作鱼饵。常出现在韩国西海岸和南海岸。

豆形拳蟹 *Pbilyra pisum*
节肢动物甲壳纲玉蟹科

整个蟹壳像豆粒一样，背部鼓起，因此被称为豆形拳蟹。一般豆形拳蟹底纹为绿色，并且分布有古铜色的斑纹。生活在海水退去的海滩或沙滩底部。它与沙蟹科螃蟹不同，并不挖穴生活。随着水流到处游走。虽然也吃弱小的动物或死去的动物，但主要抢夺别的动物的食物来吃。它并不是横着爬行，而是举着大螯往前走。

三齿厚蟹 *Helice tridens tridens*
节肢动物甲壳纲方蟹科

在河口沙滩挖倾斜的洞穴而生或者群居在芦苇地中。虽体形较小，但很结实。通过两个大螯上的触角相互碰撞发出声音。身体颜色为暗绿色。背部的前端和脚为黄色。

丽文蛤 *Meretrix lusoria*
软体动物双壳纲帘蛤科

生活在泥沙混合的海滩中。贝壳表面十分光滑。整个贝壳为褐色或象牙色，横向的条纹上点缀着褐色等颜色的斑点。每个贝壳上的颜色和条纹都稍微有些不同。据说丽文蛤贝壳上的颜色和条纹达到了100种，因此被称为"百蛤"。主要生活在新万金地区。人们经常用锄头或铁钩翻找丽文蛤。由于丽文蛤的里边不会有泥沙，所以可以不用洗，直接生吃。它的味道在蛤蜊中是最好的，被称作"上蛤"。

日本鳗鲡 *Anguilla japonica*
脊椎动物鳗鲡科

栖息在河川、湿地等地区。白天藏在河底或石头中间，晚上出来活动。喜肉食，水栖昆虫、沙蚕、虾、螃蟹、蛤蜊、水蛭、鱼类等都是它的食物。鳗鲡皮肤上有黏液腺，经常分泌出黏液，因此很难捕捉。一般生活在淡水中，只有8—10月的产卵期才会回到大海。

海燕 *Asterina pectinifera*
棘皮动物棘目海燕科

常见于海滩的石头或碎石子上。大部分海燕为五角形，有时候也会出现六角形或四角形。通常呈深蓝色和丹红色交杂排列，十分显眼。中心部位通常为黄色。我们的祖先认为这种海星很像枫叶，因此称之为"枫叶鱼"。在6—7月的产卵期，人们可以看到腹内充满红色卵的海燕。从五里津到济州岛都有海燕出现。

银鲳 *Pampus argenteus*
脊椎动物鲈形目鲳科

身体犹如鸡蛋，十分扁圆。它的鳞片很容易脱落，不过它很明智地没有长出腹鳍。全身具银色光泽并密布黑色细斑。虽然喜欢独处，但在6—7月的产卵期时，它会成群结队地到河口处产卵。古代人就特别喜欢吃银鲳，文献中曾多次出现银鲳的身影。主要以虾和沙蚕为食。分布在韩国西海岸和南海岸。

硬壳蛤 *Mercenaria stimpsoni*
软体动物双壳纲帘蛤科

硬壳蛤为圆滑的三角形。贝壳表面为象牙色，内部为灰色。贝壳表面有着清晰的成长线。西方常用它来做料理，在韩国，人们一般不吃它，因为它有时会引发中毒。

薄壳绿螂 *Glauconome primeana*
软体动物双壳纲昙蛤科

生活在海滩上。贝壳内部为浅蓝色，表面为黄绿色。成长线十分细长。只生活在韩国南海岸，并不常见。

鲻鱼 *Mugil cepbalus*
脊椎动物鲻形目鲻科

主要生活在浅海地区，河口处也有鲻鱼分布。以水中的有机物为食，幼鱼时以浮游生物为食。鲻鱼在水中游动的速度很快，警戒心很强，遇到危险会赶紧游走。背部

为绿色，腹部为银白色。鲻鱼可长达120厘米。由于味道鲜美，古代人很早就开始食用鲻鱼。鲻鱼也是一种名贵的药材。

蝼蛄虾 *Upogebia major*
节肢动物甲壳纲蝼蛄虾科

蝼蛄虾比其他甲壳纲动物聪明得多，它挖的洞为丫字形，有一个备用洞口。退潮时，它躲在洞中，等海水灌进洞中，它便爬出来寻找食物。多在晚上出来活动。庆尚南道南海门巷村就以抓蝼蛄虾而出名。在洞口涂抹大酱，蝼蛄虾就会将触角伸出，这时人们可以用钩子把它钩出。庆尚南道的人，在很久以前就开始食用蝼蛄虾，把它放入大酱汤中食用或者烤着吃。最近蝼蛄虾多用作鱼饵。分布在韩国西海岸、南海岸和济州岛沿岸。

多棘海盘车 *Asterias amurensis*
棘皮动物海盘车科

喜欢生活在水较多的海滩上。有时也出现在被海水拍打的石头上。多棘海盘车体形较大，一般与人的肩宽相似，在30厘米左右。每个多棘海盘车都有4~5条腕，无论砍断哪一条，不久之后都会长出新的一条。由于它强烈的捕食欲、快速的生长率和迅速的再生率，被人们认为是大海的怪物。韩国的任何一处海边都能见到多棘海盘车。

大杓鹬 *Numenius madagascariensis*
脊椎动物鸻形目鹬科

生活在海滩或河口处。鹬科鸟类中体形最大的一种。它的嘴比麻鹬的还长。嘴黑色，嘴基粉红。常以嘴插入泥中觅食，喜欢吃日本大眼蟹、沙蚕等。大杓鹬吃东西时，会用嘴直接将食物咽到肚子中。在春秋季节，大杓鹬会在西海岸海滩和洛东江河口处短暂停留。在东北亚地区，大约生活着21,000只大杓鹬。

蒙古沙鸻 *Charadrius mongolus*
脊椎动物鸻形目科

在迁徙途中经常飞经朝鲜半岛。主要生活在海滩、海滩附近的沙滩和水田中。在洛东江河口处，可以看到20~30只蒙古沙鸻成群活动的场景。寻找食物时，蒙古沙鸻会在地上行走或奔跑，身子往下倾斜。主要食物为昆虫、沙蚕、螃蟹等动物，以及植物的种子。

海松贝 *Tresus keenae*
软体动物双壳纲蛤蜊科

生活在水深20米以内的浅海底部。深褐色的贝壳厚重粗糙，表面具有不规则的成长线。伸出贝壳外的水管特别大，水管被黑色结实的外壳所包围。主要生活在韩国南海岸，并不常见。

秀丽织纹螺 *Nassarius festivus*
软体动物腹足纲织纹螺科

退潮后，经常可以看到海滩上黑色的小织纹螺舞动着巨大的灰色水管的场景。秀丽织纹螺随着水流移动，接近那些流血或移动速度与以往不同的动物。寻找到食物后，秀丽织纹螺会迅速释放酸液，溶化食物或使食物麻痹。秀丽织纹螺会集聚起来攻击体形比自己大很多的动物。由于秀丽织纹螺这种攻击其他动物的行为，人们称它为"海洋中的鬣狗"。

黑面琵鹭 *Platalea mimor*
脊椎动物鹳形目鹮科

白天在浅海、湿地、沼泽或水田等地觅食，晚上在树林中休息。一般结成小群生活在远离村落的地方，警戒心很强，有人靠近就会立刻飞走。长长的嘴巴在泥沙中翻动寻找淡水鱼、青蛙、蝌蚪等食物。是很少见的一种候鸟，因此被指定为第205号天然纪念物。根据2004年对黑面琵鹭过冬地点的调查，预测世界上大约有1206只黑面琵鹭。

黑鲪鱼 *Sebastes scblegeli*
脊椎动物鲈形目石斑鱼属

生活在浅海中暗礁较多的地方。早晚时分喜欢结群而游，晚上并不活动。黑鲪鱼是一种肉食性鱼类，主要以小鱼、虾、螃蟹等甲壳纲以及鱿鱼等动物为食。黑鲪鱼繁殖后代时，产下鱼子，而不是鱼卵。由于味道鲜美，常用作生鱼片和做辣汤的材料。它是韩国第二大人工养殖鱼种。常分布在韩国西海岸、东海岸、南海岸。

红颈滨鹬 *Calidris ruficollis*
脊椎动物鸻形目鹬科

春秋季节，常出现在海滩、湿地、江边等地。夏天额头为白色，背部为黑灰相间的颜色。冬天额头和背部则变成灰白色。以沙蚕、贝类、甲壳类、昆虫类食物为生。经常出现在海滩的湿地或长有草丛的湿地中。由于围海造田，红颈滨鹬没有了栖息之地，所以现在变得很少见。

紫贻贝 *Mytilus edulis*
软体动物双壳纲贻贝目

生活在水深不到10米的浅海中的石头上。外壳为紫黑色，有珍珠光泽。和贻贝相比，体形较小，表面也比较光滑。幼鱼是海鸥、田鼠、厚文蟹的食物。之前人们曾经因为贴附在石头上的紫贻贝群太多而担心生物多样性会遭到破坏，最近有研究表明紫贻贝群间的缝隙有利于海洋生物的发展。常见于韩国南海和济州岛沿岸。

寄居蟹 *Paguridae*
节肢动物甲壳纲寄居蟹科

它经常以海螺等其他水生动物的壳为家，所以被称为"寄居蟹"。在浅海中有很多海螺壳，所以一只寄居蟹会使用很多个海螺壳作为自己的家。而在深海中，由于海螺的数量有限，所以寄居蟹以沙蚕的水管、珊瑚、空心树枝、竹子等为家。寄居蟹经常把身体的一半伸入海螺壳中，一半留在外面，当遇到危险时，会立刻缩入海螺壳。

赫氏鲽 *Limanda berzensteini*
脊椎动物鲽形目鲽形科

赫氏鲽身体为椭圆形，头部和背部有些凹陷。嘴巴很小，上颚一直延伸到眼睛处。侧线一直伸展到胸鳍的上部。两只眼睛所在的一侧为青褐色相间的颜色，没有眼睛的一侧为淡黄色。生活在水深约为100米的沙质海底。产卵期的赫氏鲽十分好吃，一般当作生鱼片吃。

青脚鹬 *Tringa nebularia*
脊椎动物鸻形目鹬科

常见于海边、河流、荷花池、水库等有水的地方。黑色的嘴有些上翘，腿长，近绿色。飞行时脚伸出尾端甚长。少时2~3只，多时70~80只成群生活。觅食时嘴在水里左右甩动寻找食物。主要以浅水中的昆虫、蛤蜊、蝌蚪和鱼类为食。

七面草 *Suaeda japonica*
石竹目藜科一年生杂草

常成群生长在海边。七面草幼苗为绿色，长大后逐渐变成红色和深红色。由于七面草这种颜色会变化的特性，故被称为"七面草"。8—9月所开的花也是一开始为绿色，逐渐变成红色。在海水被防潮堤堵住，无法进入的海滩中可以经常见到七面草。在韩医中七面草是一味药材，有降热的效果。

大玉螺 *Glossaulax didyma*
软体动物腹足纲玉螺科

人们经常用作下酒菜的海螺就是大玉螺。大玉螺生活在水深有50厘米的海滩的底部。白天在离地面1厘米左右的沙滩中爬行，晚上冒出地面活动。大玉螺能分泌出酸液，捕食贝类动物，所以是一种很有名的对贝类养殖场有害的生物。脚部（用来爬行的部分）宽阔，呈椭圆形，颜色为灰色。分布在韩国西海岸、南海岸和东海岸。

斑尾塍鹬 *Limosa lapponica*
脊椎动物鸻形目鹬科

斑尾塍鹬春秋季节迁徙途中途径韩国西海岸。一般生活在水田、沼泽、江边和海滩等有水的地方，以昆虫或螃蟹为食。长相与黑尾塍鹬相似，但斑尾塍鹬的嘴更短，嘴的尖端有些上弯。与大部分鸟类的嘴都是往前弯曲不同，斑尾塍鹬的嘴往上弯曲，所以又被称为"嘴上翘鹬"。

江珧蛤 *Atrina pectinata*
软体动物双壳纲江珧蛤科

江珧蛤因长相与牛角相似，所以又被称为"牛角蛤"。生活在水深为20~50米的浅海的沙泥中。它是韩国贝类中最大的一种，最大的江珧蛤可达30厘米长。江珧蛤的鲜闭壳肌细嫩可口，特别受日本人的欢迎。韩国出产的江珧蛤多以高价出口至日本。

筛草 *Carex kobomugi*
禾本目多年生杂草

多生长在海边沙滩上。根茎紧紧地扎在沙滩中，能防止沙子被风吹走。剪下筛草的茎能发现茎的形状为三角形，而且很粗糙。从种子中长出的新芽摸上去像家畜的皮毛一样，叶子的边缘处还长有锯齿。6—8月为花期，花的颜色是黄色，9月份筛草结出椭圆形的果实。

中国朽叶蛤 *Coecella cbinensis*
软体动物双壳纲朽叶蛤科

生活在海滩上石头的缝隙中。贝壳较厚，颜色为黄色。形状整体为三角形，近似椭圆。虽然长相与蛤仔近似，但由于中国朽叶蛤不能吃，所以又被称为"非食用的蛤仔"。

盐角草 *Salicornia berbacea*
藜科一年生植物

成群生活在海边。盐角草的茎为肉质，茎上的树枝成对式生长。8—9月为花期，花色为绿色，盐角草整体为绿色，但秋天时会变为紫色。折下一块盐角草品尝，会感到咸味，常用于做汤。"咸草"指的就是盐角草。分布在韩国西海岸和郁陵岛的海边。

日本鱵 *Hyporbampus sajori*
脊椎动物颌针鱼目鱵科

由于身形细长，像鹤的腿，所以在韩语中被称为"鹤鱵"。感到危险时日本鱵会跃出水面，它的弹跳力很强，最高能跳到1.5米。它的下颚并不是一出生就很长，而是在孵化10天后开始迅速成长。至今人们还没有发现日本鱵的下颚长那么长的原因。古代文献中记载，在古代人们将日本鱵的嘴部磨成针使用。日本鱵鱼肉脂肪很少，味道清淡。

海棠 *Rosa rugosa*
蔷薇科落叶灌木

生长在海边或山脚下。茎多刺。花期在5—7月，花色为红色，花香浓郁。7—9月结果，果实可以吃。由于花和果实很漂亮，所以蔷薇可以作为观赏树木种植。又因蔷薇的刺多，也可做篱笆使用。花可作为香水原材料，果实可入药。多分布在韩国、日本、库页岛和中国。

斑点东方鲀 *Takifugu poecilonotus*
脊椎动物鲀形目河鲀科

背部和腹部有短刺分布，所以偶尔看上去有若明若暗的感觉。背部为褐色，并且分布有圆形的灰点。腹部为白色，尾鳍处为黑色，剩下的部分为黄色。是鲀中毒素最多的一种。它的卵巢和肝中有剧毒，精巢中有强毒，肉中有少量毒素。斑点东方鲀是调查研究从虫纹多纪鲀向豹纹多纪鲀进化过程的一个重要依据。

图书在版编目（CIP）数据

海滩，你还好吗？ /（韩）李惠英著；（韩）曹光铉绘；邢青青译.
—— 北京：北京联合出版公司，2013.6（2020.6 重印）
（我的自然观察笔记）
ISBN 978-7-5502-1545-0

I.①海… II.①李… ②曹… ③邢… III.①海滩 –
少儿读物 IV.①P737.11-49

中国版本图书馆CIP数据核字(2013)第110172号

北京版权局著作权合同登记 图字：01-2013-3043号

我的自然观察笔记

海滩，你还好吗？

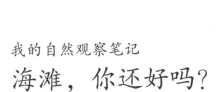

著 者	[韩]李惠英
绘 者	[韩]曹光铉
译 者	邢青青
责任编辑	徐秀琴 昝亚会
项目策划	紫图图书 ZITO®
监 制	黄利 万夏
营销支持	曹莉丽
版权支持	王福娇
装帧设计	紫图装帧

北京联合出版公司出版
（北京市西城区德外大街83号楼9层　100088）
艺堂印刷（天津）有限公司印刷　新华书店经销
字数200千字　720毫米×1000毫米　1/16　33.5印张
2013年6月第1版　2020年6月第2次印刷
ISBN 978-7-5502-1545-0
定价：199.00元（全4册）